青岛珍稀濒危陆生野生动物识别指南

QINGDAO ZHENXI BINWEI LUSHENG YESHENG DONGWU SHIBIE ZHINAN

◎主编 迟仁平

中国海洋大学出版社

·青岛·

图书在版编目(CIP)数据

青岛珍稀濒危陆生野生动物识别指南 / 迟仁平主编
. —青岛:中国海洋大学出版社,2021.4
ISBN 978-7-5670-2816-6

Ⅰ. ①青… Ⅱ. ①迟… Ⅲ. ①陆栖—珍稀动物—濒危动物—野生动物—识别—青岛 Ⅳ. ① Q958.525.23

中国版本图书馆 CIP 数据核字(2021)第 082121 号

出版发行	中国海洋大学出版社		
社　　址	青岛市香港东路 23 号	邮政编码	266071
出 版 人	杨立敏		
网　　址	http://pub.ouc.edu.cn		
电子信箱	94260876@qq.com		
订购电话	0532-82032573(传真)		
责任编辑	孙玉苗	电　　话	0532-85901040
装帧设计	青岛汇英栋梁文化传媒有限公司		
印　　制	青岛海蓝印刷有限责任公司		
版　　次	2021 年 5 月第 1 版		
印　　次	2021 年 5 月第 1 次印刷		
成品尺寸	170 mm × 230 mm		
印　　张	14.75		
字　　数	216 千		
印　　数	1 ~ 1 300		
定　　价	80.00 元		

发现印装质量问题,请致电 0532-88786655,由印刷厂负责调换。

《青岛珍稀濒危陆生野生动物识别指南》编委会

编写单位：青岛市园林和林业综合服务中心

主　　编：迟仁平

副 主 编：王宝斋　孙大庆

编　　者：迟仁平　王宝斋　孙大庆　王希明　王玉祥
林巧娥　姜锡川　龚莉茜　于琳倩　郑　达
高　颖　曲志霞　张　磊　郝广斌　王艺璇
陈　健　刘　敬　耿志强

主　　笔：迟仁平

摄　　影：胡维华　薛　琳　许　磊　于　涛

序

野生动物是自然生态系统的重要组成部分，也是人类赖以生存和发展的重要自然资源。为保护生物多样性，实现经济、社会、文化的可持续发展，我国通过加强立法、强化执法、保护栖息地、规范资源利用、科普宣传以及推进人工繁育等措施，加强对资源的保护以及对相关贸易利用活动的管控，推动了野生动物保护事业的健康持续发展。

青岛市位于山东半岛南部，是亚太地区候鸟迁徙的重要“驿站”。优越的气候条件，丰富的自然资源，为野生动物的栖息繁殖创造了良好的条件，据调查，青岛市有自然分布的陆生野生动物440种(两栖类8种、爬行类17种、鸟类398种、哺乳类17种)，其中国家重点保护野生动物有96种。随着经济、社会的快速发展，青岛动物园等单位引进的野生动物越来越多，达到几百种，提高了青岛市的生物多样性。

就地或迁地保护野生动物资源，首先必须认识野生动物。为解决濒危野生动物管理和执法以及市民观赏中的物种识别问题，基于我市自然分布和引进观赏的常见物种，结合管理和执法过程遇到的具体问题，青岛市园林和林业综合服务中心专业技术人员编写了《青岛珍稀濒危陆生野生动物识别指南》。全书共收录了多年来工作人员在调查监测和管理执法中发现的陆生野生动物156种，涵盖爬行纲、鸟纲、哺乳纲3个纲27目。本书可作为海关、公安、市场监管、野生动物保护等部门管理执法人员及野生动物爱好者的参考书。

编委会的各位同志为本书的撰写做出了不懈的努力。相信本书的出版能唤起更多的人热爱野生动物、保护野生动物，能为提高人们爱护大自然的素质、推进野生动物保护事业贡献一分力量。希望大家携起手来，使我们的家园变得更加和谐、进步、美好。愿人类生存的世界永远天清海净、莺歌燕舞、鸟语花香。

青岛市园林和林业局局长 郭守信

2020 年 11 月 12 日

前　言
Preface

改革开放后，我国加快了野生动物保护步伐，从完善法律法规、建立自然保护区、强化执法监管、扩展国际合作、增强公众保护意识等多个角度，全面推进保护事业，取得了令世人瞩目的成就。特别是《中华人民共和国野生动物保护法》颁布实施以来，在各级政府的努力和社会倡导下，青岛市野生动物保护事业得到迅速发展，公众保护野生动物的意识不断增强，野生动物赖以生存繁衍的栖息地得到有效保护，野生动物人工繁育技术获得一定发展，野生动物的野外保护、拯救繁育、执法监管和科技支撑体系正在逐渐形成和完善。

新形势下，加强生态文明建设对野生动物保护提出了新要求，社会、公众对野生动物保护日益关注，各种舆情、争议层出不穷，野生动物保护工作面临许多新的问题和困难。

在实际管理和执法过程中，如何快速、准确地识别和鉴定野生动物及其产品是比较突出的问题。《濒危野生动植物种国际贸易公约》（CITES）管制的物种超过 3.6 万种，经常性贸易物种也达数千种。熟练识别所有这些物种实属不易。

为解决濒危野生动物管理和执法以及市民观赏中的物种识别问题，基于青岛市自然分布和引进观赏的常见物种，结合管理和执法过程遇到的具体问题，我们编写了《青岛珍稀濒危陆生野生动物识别指南》。在我国，法律上的珍稀濒危物种通常指列入 CITES 附录、《国家重点保护野生动物名录》和地方野生动物保护名录中的生物。除了法律上的珍稀濒危物种，本书还收录了10余种虽然在世界范围内不属于濒危种，但在青岛市没有自然分布且吸引大众关注的动物。这样，全书共收录我们多年来在调查监测和管理执法中发现的陆生野生动物156种，涵盖爬行纲、鸟纲、哺乳纲3纲27目。书中用简洁明了的文字对各物种的突出特征加以描述，并配以图片进行直观呈现。

本书出版得到了胡维华、任守海、吕高飞、冯磊等野生动物爱好者的支持和指导，在此一并致谢。

此书的出版如果能提高人们保护野生动物、保护大自然的意识，能对一线野生动物保护、管理和执法工作者以及野生动物爱好者识别珍稀濒危陆生野生动物有所帮助的话，编者将感到十分欣慰。

虽然编者下了很大功夫，力求完美，但由于水平有限，不当之处在所难免，敬请读者批评指正。欢迎有兴趣的朋友一起投入野生动物保护行列！

迟仁平

2020年11月12日

目　录
Contents

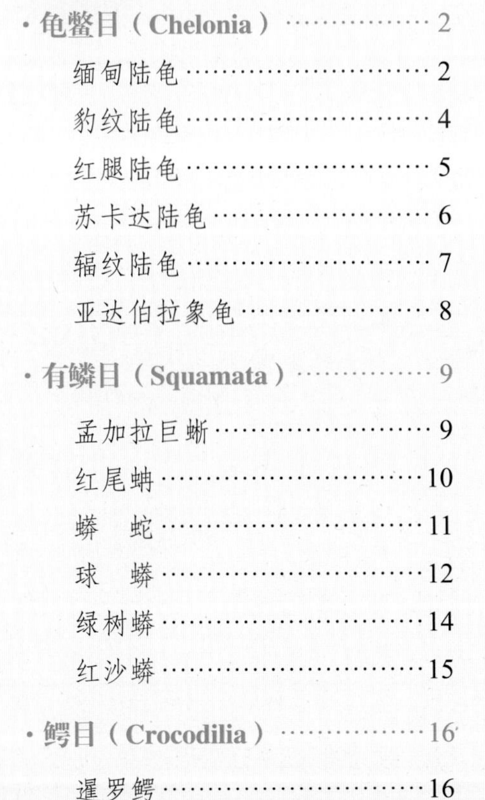

爬行纲（Reptilia）

鸟纲（Aves）

哺乳纲（Mammalia）

爬行纲（Reptilia）

爬行纲属于动物界脊索动物门。爬行动物的身体构造和生理机能比两栖类更能适应陆地生活环境。身体已明显分为头、颈、躯干、四肢（蛇亚目附肢退化）和尾部。颈部较发达，可以灵活转动，能更充分发挥头部眼等感觉器官的功能，提高了捕食能力。四肢从体侧横出，不便直立，体腹常着地面，行动是典型的爬行，只有少数体型轻捷的爬行动物能疾速行进。皮肤上有鳞片或甲。骨骼发达，有利于支持身体、保护内脏和增强运动能力。大脑、小脑比较发达，心脏3室（鳄类的心室虽不完全隔开，但已为4室）。肾脏由后肾演变，后端有典型的泄殖腔。具骨化的腭，使口、鼻分腔，内鼻孔移至口腔后端；咽与喉分别通食道和气管，呼吸与饮食从而可以同时进行。爬行动物用肺呼吸，变温。爬行动物雌雄异体，雄性有交接器，体内受精，卵生或卵胎生。

· 龟鳖目（Chelonia）

龟鳖目物种为陆栖、水栖或海洋生活的爬行类，基本保留原始体形。体背及腹面长有非常坚固的甲板，背甲、腹甲由甲桥在体侧连接。甲板内层为骨板，外被角质鳞板（称盾片）或厚皮。骨板、盾片的数目和大小不等，两相黏合以加强壳的坚固性。受袭击时，陆生种类可以把头、尾及四肢缩回壳内。颅顶平滑，无雕饰纹。腭缘平阔无齿，覆以坚厚角鞘，前端狭窄成喙。喙尖有外鼻孔。头侧眼圆而微突，有眼睑与瞬膜。鼓膜圆而平滑。泄殖腔孔纵裂，雄性具单个交接器。食性有肉食性、素食性、杂食性。

缅甸陆龟

学名：*Indotestudo elongata*

分类地位：爬行纲龟鳖目陆龟科缅甸陆龟属

中文别名：黄象龟、枕龟、旱龟、缅陆、龙爪龟

特征：中型龟类。成体背甲长 20 ～ 40 厘米。成体背面观呈长椭圆形，背甲拱圆，脊部较平。头中等大，吻短，上喙具有 3 个强硬尖突。眼大，颈短。颈盾 1 枚。臀盾 1 枚，向下包。腹甲大，前缘平而厚实，后缘缺刻深。前肢 5 爪，后肢 4 爪，指、趾间无蹼。尾短粗，其端部有一爪状角质突。头淡黄绿色到灰白色。体淡黄褐色，每一盾片有不规则的黑色斑块（个别无斑块）。四肢覆盖鳞片，鳞片呈黄绿色到黄褐色，有不规则黑色斑点。

自然分布：我国广西、云南，以及印度东北部至越南、马来半岛等东南亚地区。

保护级别：国家一级重点保护野生动物，列入《濒危野生动植物种国际贸易公约》（CITES）附录Ⅱ。

豹纹陆龟

学名: *Stigmochelys pardalis*

分类地位: 爬行纲龟鳖目陆龟科豹龟属

中文别名: 豹龟

特征: 背甲长可达 68 厘米。雄龟比雌龟大。背甲高，圆顶，并且常有隆背的情况。头颈部黄棕色、无斑，前额鳞 1 ～ 2 枚，顶鳞为数枚小鳞，腋盾 2 枚。胯盾 1 枚，与股盾相接。皮肤的颜色通常是奶油黄色，背甲每块盾片上均具套在一起的黑色环纹和黄白色环纹。

自然分布: 非洲。

保护级别: 列入 CITES 附录Ⅱ。

红腿陆龟

学名: *Chelonoidis carbonaria*

分类地位: 爬行纲龟鳖目陆龟科南美象龟属

中文别名: 窄腰陆龟

特征: 中型龟类。体长30厘米左右，有大的黄色的头部和橘红色至红色的四肢和尾部。背甲呈绛黑色，盾片中央有黄色的斑块。前肢有锐利的深红色鳞片。腹甲黄色，中央有黑斑。

自然分布: 南美洲。

保护级别: 列入CITES附录Ⅱ。

苏卡达陆龟

学名: *Centrochelys sulcata*

分类地位: 爬行纲龟鳖目陆龟科中非陆龟属

中文别名: 胫刺陆龟、苏卡达象龟、苏卡达龟

特征: 大型龟类。背甲黄褐色,幼体色深;前缘具缺刻,后缘锯齿状。没有颈盾。腹甲淡黄色,后缘缺刻较深。四肢圆柱形,具较大的圆锥状硬棘。后肢两侧有 2 ~ 3 个粗大的角质节结,前脚布有粗大的鳞片。前肢 5 爪,后肢 4 爪。尾淡黄色。喉甲突出,某些雄性成体前面及后面的缘盾明显卷曲。

自然分布: 非洲中部地区。

保护级别: 列入 CITES 附录Ⅱ。

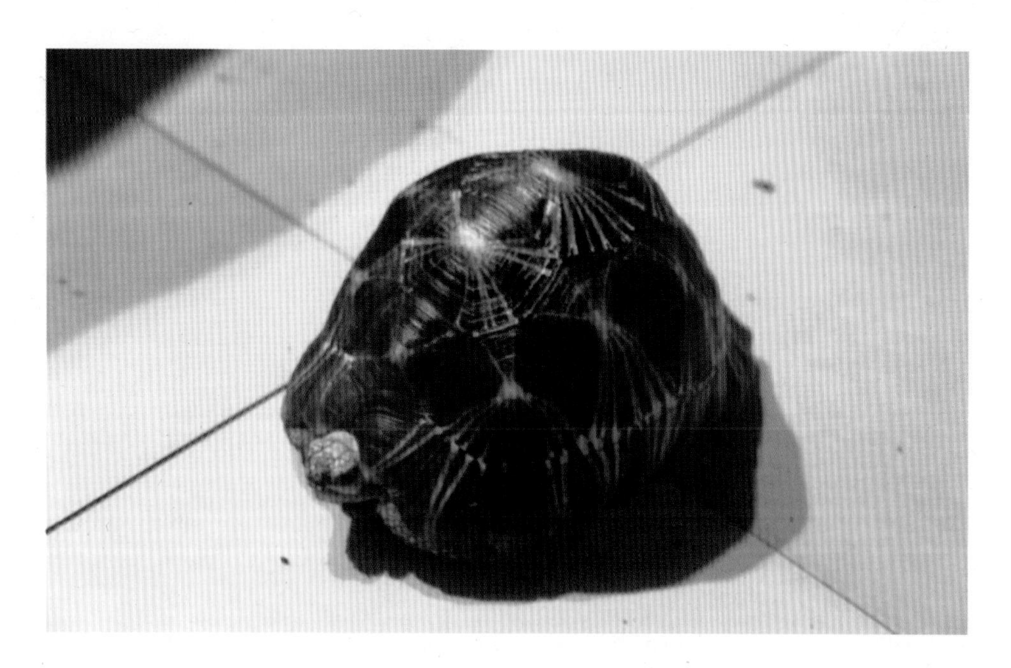

辐纹陆龟

学名:*Astrochelys radiata*

分类地位:爬行纲龟鳖目陆龟科马岛陆龟属

中文别名:放射陆龟、辐纹龟

特征:头部粗钝,背部高高隆起,四肢粗。头黄色,头顶后部黑色。背甲背面观呈长椭圆形,平滑,黄褐色。背甲每片盾片均具有淡黄色的放射状花纹。腹甲黄色,具黑色三角形斑纹。四肢黄色。

自然分布:马达加斯加。

保护级别:列入 CITES 附录Ⅰ。

亚达伯拉象龟

学名: *Aldabrachelys gigantea*

分类地位: 爬行纲龟鳖目陆龟科亚达伯拉象龟属

中文别名: 阿尔达布拉象龟、塞舌尔象龟、达丁巨龟、阿诺德巨龟

特征: 是最大的陆龟。背甲长可达180厘米，体重达375千克。雌龟比雄龟小。头大，颈长。背甲高而宽，具圆顶，中央高隆。椎盾5片。肋盾每侧4片。缘盾每侧9片，前后缘略呈锯齿状，微向上翘起。颈盾1片。臀盾单片且较大。四肢粗壮，柱状。背甲、四肢和头尾均呈深灰色、青黑色至黑色。每片椎盾和肋盾均有不规则黑斑。皮肤松皱。

自然分布: 毛里求斯、马达加斯加、塞舌尔和坦桑尼亚等地。

保护级别: 列入CITES附录Ⅱ。

· 有鳞目（Squamata）

有鳞目是现今爬行动物中最大的目，包括蜥蜴亚目、蛇亚目 2 个亚目。有鳞目物种属变温动物，从外部环境获得热量，包含地栖、穴居、水栖及树栖生活类群。体表满被角质鳞片。头骨具特化的双颞窝。方骨可动。椎体双凹或前凹型。具端生或侧生齿。泄殖腔孔横裂。雄性具成对的交接器。其分布几乎遍及全球（南极洲除外）。

孟加拉巨蜥

学名：*Varanus bengalensis*

分类地位：爬行纲有鳞目巨蜥科巨蜥属

中文别名：伊江巨蜥、普通印度巨蜥

特 征：大型蜥蜴。成体全长 100～200 厘米。头窄长，背面观呈三角形。吻尖长。四肢强壮。眼睑发达，瞳孔圆形。鼓膜裸露。舌细长，先端深分叉，可缩入基部舌鞘内。有基部较宽的大型侧生齿。颞弓完全，眶后弓不完全。背鳞粒状、圆形或卵圆形。腹鳞四边形，排成横行。鳞下承以真皮骨板。尾长，但不易断。有肛前孔。体黄褐色至黑褐色，背部和四肢具黄色斑点。

自然分布：印度半岛、中南半岛等地。在我国也有分布。

保护级别：列入 CITES 附录 Ⅰ。

红尾蚺

学名: *Boa constrictor*

分类地位: 爬行纲有鳞目蚺科蚺属

特征: 体形大小差异颇大,全长一般200～300厘米。头小、吻长而前端宽,无颊窝(热感应器官)。体色变化大,多为棕色。背部有黄褐色的鞍状斑。

自然分布: 南美洲以及加勒比海的一些岛屿。

保护级别: 列入CITES附录Ⅱ。

蟒蛇的白化变种——黄金蟒

蟒 蛇

学名：*Python bivittatus*

分类地位：爬行纲有鳞目蟒科蟒属

中文别名：缅甸岩蟒、南蛇、琴蛇、双带蚺

特征：体形巨大。全长可达 700 厘米，体重可达 91 千克。无毒。头较小。吻端扁平，有唇窝（热感应器官）。泄殖腔孔两侧有爪状后肢残余。体背棕褐色或黄色，体背及两侧满布镶黑边的棕色不规则云状大斑。头背有棕色箭头状斑。腹部黄白色。

自然分布：我国广东、广西、福建、云南、海南、贵州等地，以及东南亚。

保护级别：国家二级重点保护野生动物，列入 CITES 附录Ⅱ。

球 蟒

学名:*Python regius*

分类地位:爬行纲有鳞目蟒科蟒属

中文别名:皇蟒

特征:体形较小。一般成体全长约100厘米。躯体粗,颈部细。体通常呈褐色或深褐色,具淡褐色斑纹。眼部上方有纵条纹。受惊吓后常以头部为中心盘成球状。有白化品种。

自然分布:非洲。

保护级别:列入CITES附录Ⅱ。

球蟒普通种

球蟒杂交种

球蟒白化种

球蟒纯白种

绿树蟒

学名：*Morelia viridis*

分类地位：爬行纲有鳞目蟒科树蟒属

特征：是一种树栖夜行性的小型蟒蛇。全长一般不会超过 180 厘米。体粗壮，头、颈区分明显。头部鳞片粒状。体色变化大。幼体黄色、橘色或红色，全身被带黑边的白斑。成体背部和体侧亮绿色，腹部多为黄色。

自然分布：巴布亚新几内亚、印度尼西亚、澳大利亚等地。

保护级别：列入 CITES 附录Ⅱ。

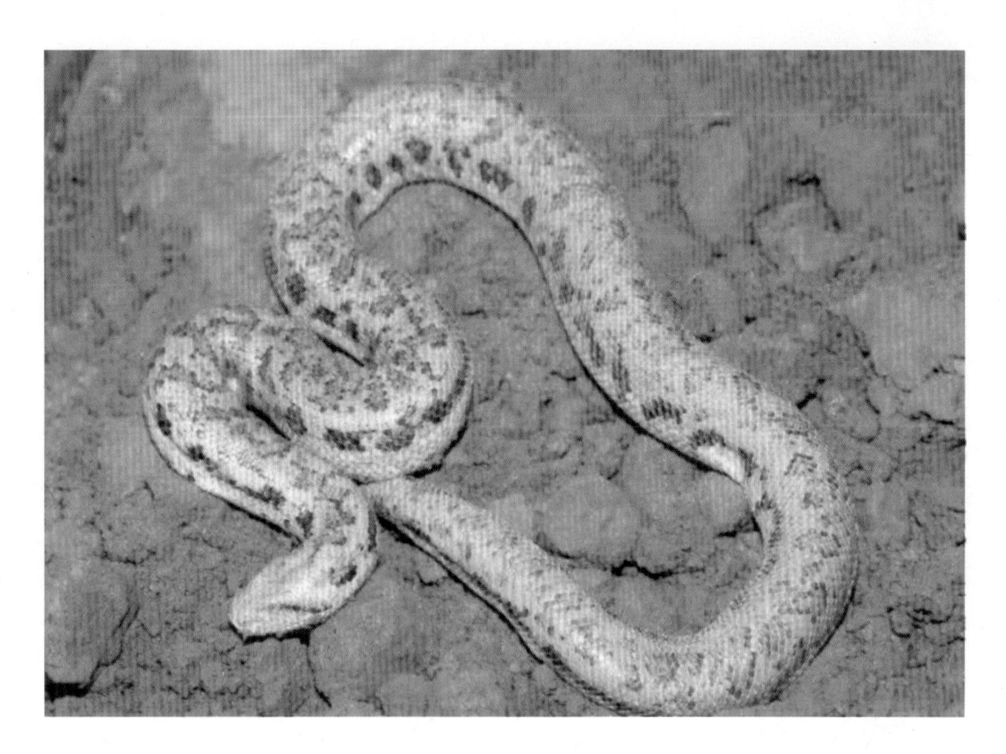

红沙蟒

学名: *Eryx miliaris*

分类地位: 爬行纲有鳞目蟒科沙蟒属

中文别名: 土棍子、两头齐

特征: 体长一般不超过 100 厘米。体呈圆柱状,头、颈区分不明显。通体被覆细小鳞片,吻端个别鳞片稍大。尾短,末端钝圆。眼小,有的个体眼已退化。背部灰色、沙褐色或红褐色,有不规则的黑色横斑。腹部灰白色,散有黑色斑点。

自然分布: 亚洲沙漠地区。

保护级别: 列入 CITES 附录Ⅱ。

· 鳄目（Crocodilia）

鳄目物种营水、陆两栖生活，肉食性。体长，被大型坚甲。头扁平，腭强大，吻长。眼小而微突。齿锐，锥形齿多，着生于槽中，为槽生齿。四肢粗短，有爪，指（趾）间具蹼。尾侧扁，长而粗壮。头部皮肤紧贴头骨，躯干、四肢覆有角质鳞片或骨板。头骨具有特化的双颞窝。方骨不可动。心脏有两房（左心房、右心房）和两室（左心室、右心室）。泄殖腔孔纵裂。雄性具单个交接器。

暹罗鳄

学名：*Crocodylus siamensis*

分类地位：爬行纲鳄目鳄科鳄属

中文别名：泰国鳄

特征：中型鳄。体长 300 ～ 400 厘米。吻中等长，稍凹，长度为吻基宽度的 1.5 ～ 1.6 倍。两眼眶前端有 1 对短的尖锐的棱嵴，额上两眼眶之间有一明显的眶间纵骨嵴，鳞骨突出成一高嵴。口闭合时，第 4 下颌齿嵌入上颌的一外刻痕内而外露。下颌骨联合延伸到第 4 或第 5 齿水平面。所有齿均植入牙床上分离的窝内。前肢指基部有微蹼。后枕鳞由 4 枚稍大的鳞片组成，排成一横排，左右对称，鳞片彼此分开。尾下鳞环列。泄殖腔孔为许多小鳞所环绕，后缘与小鳞插入较大的环状尾下鳞之间，向后延伸 5 ～ 7 圈。因此，看上去泄殖腔孔后缘有 1 条细线向尾后延伸，这一特征是暹罗鳄的鉴别特征。背部呈暗橄榄绿色或淡棕绿色，带有黑色斑点和颜色较暗的横带。腹部呈白色或淡黄白色。

自然分布：东南亚。

保护级别：列入 CITES 附录Ⅰ。

鸟纲（Aves）

鸟纲是动物界脊索动物门的一纲，分为游禽、涉禽、攀禽、陆禽、猛禽、鸣禽六大生态类群。多营飞翔生活。体均被羽，体温恒定且高。前肢成翼，有时退化。心脏是二心房二心室。骨多空隙，内充气体（企鹅目除外）。呼吸器官除肺外，有辅助呼吸的气囊。卵生，胚胎外有羊膜。

· 企鹅目（Sphenisciformes）

企鹅目物种为潜水生活的中型、大型鸟类。前肢鳍状，适于划水。具鳞片状羽毛，均匀分布于体表。尾短。腿短而移至躯体后方，趾间具蹼。在陆上行走时躯体近于直立，左右摇摆。皮下脂肪组织发达，有利于在寒冷地区及水中保持体温。骨骼沉重而不充气。胸骨具有发达的龙骨突起，这与以前肢划水有关。游泳快速，有人称为“水下飞行”。分布限在南半球。

白眉企鹅

学名: *Pygoscelis papua*

分类地位: 鸟纲企鹅目企鹅科阿德利企鹅属

中文别名: 巴布亚企鹅、金图企鹅、绅士企鹅

特征: 体形大小仅次于帝企鹅和王企鹅。体长 50 ～ 90 厘米，体重 4.5 ～ 8.5 千克。嘴细长。嘴角红色。蹼橘红色。头顶有 1 条宽的白色条纹。眼上方有 1 个明显的白斑，眼角处有 1 个红色的三角形斑块。幼企鹅背部灰色，腹部白色。

自然分布: 南极大陆及附近岛屿。

帝企鹅

学名：*Aptenodytes forsteri*

分类地位：鸟纲企鹅目企鹅科王企鹅属

中文别名：皇帝企鹅

特征：是企鹅家族中体形最大的物种。一般体长90厘米以上，最长可达130厘米；体重可达20～50千克。体色黑白分明。颈部黄色，向下色逐渐变淡。耳羽鲜橘黄色。腹部乳白色。背部及鳍状肢黑色。喙的下方鲜橘色。

自然分布：南极大陆及附近岛屿。

凤头黄眉企鹅

学名: *Eudyptes chrysocome*

分类地位: 鸟纲企鹅目企鹅科冠企鹅属

中文别名: 跳岩企鹅

特征: 体长55～65厘米，体重2.5～4.5千克。体呈流线型，前肢鳍状，腿很短并且靠近躯体后方，趾间有蹼，骨骼沉重而实心。皮下脂肪层很厚，翅膀很瘦且硬，严密防水的羽毛覆盖了身体。头部附有鸡冠状羽毛，在眼睛上方和耳朵两侧有不相连的、可竖立的金黄色翎毛。眼睛红色，眼上方有亮黄色斑。脚粉红色。

自然分布: 南非到南美洲西部以及南极大陆沿海。

· 鸵形目（Struthioniformes）

鸵形目现有鸵鸟 2 种。鸵鸟是现存最大的鸟，善走而不能飞。后肢粗健，裸露足具有 2 趾和发达的肉垫。前肢具有 3 指，其中 2 指的末端有爪。两翼长大，奔跑时张开，可维持身体平衡。全身羽毛柔软，羽枝分离。羽小枝无羽翈，呈蓬松状。

非洲鸵鸟

学名：*Struthio camelus*
分类地位：鸟纲鸵形目鸵鸟科鸵鸟属
中文别名：鸵鸟

特征：是世界上最大的一种鸟类。体长183～300厘米，体高240～280厘米，体重130～150千克。体粗短，头小，颈长，嘴短而扁平，眼大。胸骨扁平，没有龙骨突。翅膀退化，无飞羽，无法飞翔。尾羽蓬松而下垂。后肢长，粗壮，有一部分裸露无羽而呈粉红色。足仅存2趾，即第3趾和第4趾。第3趾强大且具爪，第4趾小而无爪。趾的下面有角质的肉垫。雄性和雌性的羽色有所不同：雄性的体羽主要为黑色，双翅及尾部的尖端有白色的长羽，颈部呈肉红色，上面覆有棕色绒羽；雌性体羽均呈灰褐色。

自然分布：非洲。

保护级别：列入CITES附录Ⅰ。

· 鹤鸵目（Casuariiformes）

鹤鸵目物种为大型鸟类，体高常达 90 厘米以上，善奔跑和跳跃，并能游泳。足粗壮有力，有 3 趾，趾均向前。跗跖除下端前面有少数盾状鳞外，其余均为六角形网状鳞。内趾的爪大而锐利。翅和尾均退化。体羽的副羽特别发达，几乎与正羽等长。嘴侧扁而尖。头和上颈裸露或被黑色、较短的毛状羽。

鸸　鹋

学名：*Dromaius novaehollandia*

分类地位：鸟纲鹤鸵目鸸鹋科鸸鹋属

中文别名：澳洲鸵鸟

特征：形似非洲鸵鸟而较小。体高 150 ～ 190 厘米，体重 18 ～ 60 千克。成年雌鸟比雄鸟大。体健壮，平胸，没有龙骨突。头、颈有羽毛，无肉垂。嘴短而扁。翅膀退化，隐藏在残留的羽毛下，无法飞翔。足有 3 趾，腿长善走。羽毛发育不全，长而卷曲，自颈部向身体的两侧覆盖，具纤细垂羽和发达的副羽。两性体羽均为褐色或黑色。颈部裸露的皮肤呈蓝色。喙灰色。

自然分布：澳大利亚。

双垂鹤鸵

学名: *Casuarius casuarius*

分类地位: 鸟纲鹤鸵目鹤鸵科鹤鸵属

中文别名: 食火鸡、鹤鸵

特征: 体形像鸵鸟，但比鸵鸟小。体长通常 127 ～ 170 厘米，体高 150 ～ 180 厘米，体重 17 ～ 70 千克。雌雄体形相似，但雌鸟比雄鸟大。脚爪锋利。头顶有高而侧扁的、呈半扇状的角质盔。头颈裸露部分主要为蓝色。颈侧和颈背呈紫色、红色或橘色。前颈有 2 个红色大肉垂。

自然分布: 印度尼西亚、巴布亚新几内亚和澳大利亚东北部。

· 䴙䴘目（Podicipediformes）

䴙䴘目物种为中等大小的游禽，善于潜水。身体多数滚圆，尾巴很短。头小，嘴尖细，翅膀很短。腿位于身体后方，趾具分离的瓣状蹼。栖息于浅海、湖泊、河流、沼泽湿地。遇到危险时一般潜水逃走。飞行前通常要在水面助跑一段距离，飞行时紧贴水面。

角䴙䴘

学名： *Podiceps auritus*

分类地位： 鸟纲䴙䴘目䴙䴘科䴙䴘属

特征： 平均体长约33厘米。雌雄同色。头略大而平，嘴不上翘。夏季有清晰的橘黄色贯眼纹及冠羽。前颈及两肋深栗色，上体多黑色。冬季体色似黑颈䴙䴘但比黑颈䴙䴘脸上多白色。虹膜红色，眼圈白色。嘴黑色，尖端偏白。脚灰色。

自然分布： 亚洲、欧洲、北美洲。在青岛有自然分布。

保护级别： 国家二级重点保护野生动物。

· 鲣鸟目（Suliformes）

鲣鸟目物种为个体较大的水禽。雌雄体形相似。嘴端部下曲。颈、翅、尾较长。腿较短。趾有全蹼，善游泳和潜水。常站在突出的树桩或岩石上晾晒翅膀，很少鸣叫。

海鸬鹚

学名： *Phalacrocorax Pelagicus*

分类地位： 鸟纲鲣鸟目鸬鹚科鸬鹚属

中文别名： 乌鹈

特征： 大型水禽。体长约 70 厘米。繁殖期冠羽较稀疏而松软。嘴较细长而稍微侧扁，嘴槽的两边如同镶嵌着两把利刃，锋利无比。脚短而粗。体羽黑色，具光泽。面部和喉部的裸露皮肤红褐色，具有橘色小突起。虹膜绿色。嘴黑褐色，嘴基部内侧和眼周为红褐色，脚黑色。冬羽和夏羽基本相似，但头上没有羽冠，颈部也没有白色的细羽，嘴基部和眼周红褐色的裸露皮肤区不明显。幼鸟体形略小，脸粉灰色。

自然分布： 北太平洋沿岸和邻近岛屿。在青岛有自然分布。

保护级别： 国家二级重点保护野生动物。

· 鹈形目（Pelecaniformes）

鹈形目物种为主要分布于温带、热带水域的大型游禽。四趾间具一完整蹼膜（全蹼），四趾均朝前。嘴强大、具钩，嘴下常常有发育程度不同的喉囊。

白鹈鹕

学名： *Pelecanus onocrotalus*

分类地位： 鸟纲鹈形目鹈鹕科鹈鹕属

中文别名： 犁鹕、淘河、塘鹅、鹈鹕

特征： 大型水禽。体长 140 ～ 175 厘米。体粗短、肥胖，颈细长，嘴长、粗、直，尾、脚均短。枕羽冠状。体羽几乎白色。胸有一簇长的披针形黄色羽毛。头、颈和冠羽缀有粉黄色。黑色的眼位于粉黄色的脸斑上，极为醒目。嘴铅蓝色，嘴下有一橘黄色皮囊。脚肉色。

自然分布： 亚洲、非洲、欧洲。

保护级别： 国家二级重点保护野生动物。

· 鹳形目（Gruiformes）

鹳形目物种为中型、大型涉禽。栖于水边，涉水生活。多为长颈、长腿的鸟类。嘴形不一，但多较大、较长。眼先裸出，胫部裸露，趾细长，四趾在同一平面上（此点与鹤类不同）。幼鸟为晚成鸟。

遍布全球的温带和热带地区，其中非洲和亚洲南部种类最多。

东方白鹳

学名：*Ciconia boyciana*

分类地位：鸟纲鹳形目鹳科鹳属

中文别名：白鹳、老鹳

特征：大型涉禽，体态优美。嘴长，坚硬，基部较厚，往先端逐渐变细，并且略微向上翘；呈黑色，仅基部缀有淡紫色或深红色。眼睛周围、眼先和喉部的裸露皮肤都呈朱红色。虹膜粉红色，外圈黑色。羽毛主要为白色。翅膀宽而长，上面的大覆羽、初级覆羽、初级飞羽和次级飞羽均为黑色，并具有绿色或紫色的光泽。初级飞羽的基部为白色，内侧初级飞羽和次级飞羽的外翈除羽缘和羽尖外，均为银灰色，向内逐渐转为黑色。前颈的下部有呈披针形的长羽，在求偶炫耀的时候能竖起来。腿、脚甚长，为鲜红色。幼鸟和成鸟相似，但飞羽羽色较淡，呈褐色。

自然分布：我国，以及俄罗斯的东南部。在青岛有自然分布。

保护级别：国家一级重点保护野生动物。

黑鹳

学名: *Ciconia nigra*

分类地位: 鸟纲鹳形目鹳科鹳属

中文别名: 黑老鹳、乌鹳、锅鹳

特征: 头、颈、脚均甚长。嘴长而直,基部较粗,往先端逐渐变细。前颈下部羽毛延长,形成相当蓬松的颈领,在求偶期间和四周温度较低时能竖起来。嘴红色,尖端色较淡。眼周裸露皮肤和脚亦为红色。虹膜褐色或黑色。下胸、腹、两胁和尾下覆羽白色,其余羽毛黑色。幼鸟头、颈和上胸褐色,颈和上胸具棕褐色斑点,上体包括两翅和尾黑褐色,嘴、脚褐灰色或橘红色。

自然分布: 亚洲、非洲、欧洲。在青岛有自然分布。

保护级别: 国家一级重点保护野生动物,列入 CITES 附录Ⅰ。

黑脸琵鹭

学名: *Platalea minor*

分类地位: 鸟纲鹈形目鹮科琵鹭属

中文别名: 小琵鹭、黑面鹭、黑琵鹭、琵琶嘴鹭、饭匙鸟、黑面勺嘴、黑琵

特征: 中型涉禽。体长 60 ~ 78 厘米。嘴长而直，扁平，先端扩大成匙状。脚较长，胫下部裸出。全身羽毛大体为白色。嘴基部黑色，先端黄褐色。前额、眼先、腿的裸出部分、跗跖、趾黑色。繁殖期间枕部有长而呈发丝状的金黄色冠羽，前颈下面和上胸有 1 条宽的黄色颈环；非繁殖期冠羽较短，不为黄色，前颈下部亦无黄色颈环。

自然分布: 我国，以及俄罗斯、朝鲜、韩国、日本、越南、泰国、菲律宾。在青岛有自然分布。

保护级别: 国家一级重点保护野生动物。

白琵鹭

学名: *Platalea leucorodia*

分类地位: 鸟纲鹈形目鹮科琵鹭属

中文别名: 琵琶嘴鹭、琵琶鹭

特征: 大型涉禽。嘴长而直，扁平，前端扩大成匙状，黑色，先端黄色。全身羽毛白色。眼先、眼周、颏、上喉裸露皮肤黄色。颈、腿均长，腿下部裸露而呈黑色。夏羽枕部具长的发丝状橘黄色羽冠，颈下部具橘黄色环，颏和上喉裸露而呈黄色。冬羽和夏羽相似，但枕部无羽冠，颈下部亦无橘黄色环。

自然分布: 亚欧大陆和非洲西南部。在青岛有自然分布。

保护级别: 国家二级重点保护野生动物，列入 CITES 附录Ⅱ。

黄嘴白鹭

学名: *Egretta eulophotes*

分类地位: 鸟纲鹈形目鹭科白鹭属

中文别名: 唐白鹭、白老

特征: 中型涉禽。体长 46 ～ 65 厘米，体重 320 ～ 650 克。雌雄体形相似。身体纤瘦而修长，嘴、颈、脚均很长。体羽白色。虹膜淡黄色。繁殖季节嘴橘黄色，胫、跗跖黑色，趾黄色，眼先蓝色，有饰羽：枕部有长而密的羽冠，背、肩、前颈下部有蓑状长羽。冬季嘴褐色，下嘴基部黄色，眼先黄绿色，胫、跗跖、趾黄绿色，背、肩、前颈下部无蓑状长羽。幼鸟无细长的饰羽；嘴基部黄色，其余部分褐色；腿和眼先皮肤呈黄绿色。

自然分布: 我国，以及俄罗斯、朝鲜、韩国、菲律宾、马来西亚、新加坡、苏门答腊、越南等。在青岛有自然分布。

保护级别: 国家一级重点保护野生动物。

· 红鹳目（Phoenicopteriformes）

红鹳目物种全身的羽毛主要为朱红色，是大型涉禽。嘴短而厚，向下弯曲。颈细长而弯曲。腿极长而裸出。尾短。羽色鲜艳。遍布全球的温带和热带地区。

大红鹳

学名：*Phoenicopterus roseus*

分类地位：鸟纲红鹳目红鹳科红鹳属

中文别名：大火烈鸟、美洲红鹳、古巴火烈鸟

特征：大型涉禽。体长110～150厘米。雄雌体形相似。嘴短而厚。上嘴中部突向下弯曲；下嘴较大，呈槽状。颈长而弯曲，呈S形。腿极长而裸出，向前的3趾间有蹼，后趾短小、不着地。尾短。体羽白色，带粉红色，飞羽黑色，翅上覆羽红色。虹膜近白色。嘴大部分红色，先端黑色。跗跖红色。

自然分布：非洲、南欧、中亚、南亚等地。

保护级别：列入CITES附录Ⅱ。

· 雁形目（Anseriformes）

雁形目物种为中型、大型游禽。嘴扁，边缘具有梳状突起（有滤食功能），嘴端具加厚的“嘴甲”。腿粗短，多着生于身体的中后部。跗跖前侧覆盖网状鳞。3 趾向前，有蹼或半蹼相连；1 趾向后，较其他 3 趾短。翅长而尖，大多数种类的次级飞羽色彩艳丽，具有抢眼的金属光泽，被称作“翼镜”。大多具长颈、短尾。尾脂腺发达。幼鸟为早成鸟。

中华秋沙鸭

学名：*Mergus squamatus*

分类地位：鸟纲雁形目鸭科秋沙鸭属

中文别名：鳞胁秋沙鸭

特征：体长 49 ～ 64 厘米。嘴长而窄，侧扁，前端尖出且具钩，与鸭科其他种类平扁的嘴形不同。鼻孔位于嘴峰中部。羽冠长而明显，像凤头一样。

雄鸟：头、羽冠、颈的上半部黑色，具绿色金属光泽。上背、内侧肩羽黑色。下背、腰和尾上覆羽白色，杂以黑色斑纹。尾灰色。大覆羽、三级飞羽和初级飞羽组成的翼镜白色。下体近白色。两胁羽片白色而羽缘及羽轴黑色，形成特征性鳞状纹。脚红色。其胸呈白色而别于红胸秋沙鸭，体侧具鳞状纹而有异于普通秋沙鸭。

雌鸟：头、羽冠和颈棕褐色。上背褐色。下背、腰和尾上覆羽由褐色逐渐变为灰色，具白色横斑。尾灰褐色。下体白色。肩和下体两侧具鳞状斑。其与红胸秋沙鸭的区别在于体侧具灰色（宽）和黑色（窄）带状图案。

自然分布：我国，以及西伯利亚东南部，偶见于东南亚。在青岛有自然分布。

保护级别：国家一级重点保护野生动物，列入 CITES 附录Ⅰ。

疣鼻天鹅

学名: *Cygnus olor*

分类地位: 鸟纲雁形目鸭科天鹅属

中文别名: 瘤鼻天鹅、哑音天鹅、赤嘴天鹅、瘤鹄、亮天鹅、丹鹄

特征: 大型游禽。体长 125 ~ 155 厘米。颈细长,在水中游泳时弯曲而略似 S 形。前额有一疣状突起。全身羽毛洁白。眼先裸露,黑色。嘴基部、嘴缘黑色,嘴其余部分呈红色,前端色稍淡。虹膜棕褐色。跗跖、蹼、爪黑色。雌雄体形相似,但雌鸟较小,前额疣状突起不明显。

自然分布: 亚洲中部与南部、欧洲、北非。在青岛有自然分布。

保护级别: 国家二级重点保护野生动物。

小天鹅

学名: *Cygnus columbianus*

分类地位: 鸟纲雁形目鸭科天鹅属

中文别名: 短嘴天鹅、啸声天鹅、苔原天鹅

特征: 大型游禽。体长110～130厘米，体重4～7千克。雌鸟较雄鸟略小。它与大天鹅在体形上非常相似，颈长，羽毛白色，脚和蹼黑色，但稍小，颈部和嘴略短。最容易区分它们的方法是比较嘴基部黄色区的大小：大天鹅嘴基部的黄色区延伸到鼻孔以下，而小天鹅黄色区仅限于嘴基部的两侧，沿嘴缘不延伸到鼻孔以下。头顶至枕部常略沾有棕黄色。虹膜棕色。嘴端黑色。幼鸟羽毛淡灰褐色，嘴基部粉红色，嘴端黑色。

自然分布: 亚洲北部及北欧。在青岛有自然分布。

保护级别: 国家二级重点保护野生动物。

大天鹅

学名: *Cygnus cygnus*

分类地位: 鸟纲雁形目鸭科天鹅属

中文别名: 咳声天鹅、喇叭天鹅、黄嘴天鹅

特征: 大型游禽。体长 120 ～ 160 厘米，翼展 218 ～ 243 厘米，体重 8 ～ 12 千克。雌雄同色，雌鸟较雄鸟略小。全身洁白，仅头稍沾棕黄色。虹膜褐色，嘴端黑色，嘴基部黄色区延至上喙侧缘，呈喇叭形。游水时，颈较疣鼻天鹅直。幼鸟羽毛灰棕色，嘴肉色。

自然分布: 亚洲及北欧。在青岛有自然分布。

保护级别: 国家二级重点保护野生动物。

黑天鹅

学名: *Cygnus atratus*

分类地位: 鸟纲雁形目鸭科天鹅属

特征: 大型游禽。体长 110 ～ 140 厘米，翼展 160 ～ 200 厘米，体重 3.7 ～ 8.75 千克。颈细长，常呈 S 形拱起或直立。全身羽毛卷曲。尾长而分叉，外侧羽端钝而上翘，形似竖琴。体羽主要呈黑灰色或黑褐色，腹部灰白色，飞羽为白色。嘴红色或橘红色，靠近端部有一条白色横纹。虹膜红色或白色。跗跖和蹼黑色。

自然分布: 澳大利亚。

白额雁

学名: *Anser albifrons*

分类地位: 鸟纲雁形目鸭科雁属

中文别名: 大雁、花斑雁、明斑雁

特征: 体长 64 ～ 80 厘米,体重 2 ～ 3.5 千克。从额至上嘴基部具一宽的带状白斑,白斑后缘黑色。头顶和后颈褐色。背、肩、腰灰褐色,羽缘色淡。腹部污白色,杂有不规则的黑色斑块。尾羽黑褐色,具白斑。尾上覆羽白色。虹膜褐色。嘴肉色或粉红色。脚橄榄黄色。幼鸟和成鸟相似,但额上白斑小或没有,腹部具小黑斑。

自然分布: 亚洲、欧洲和北美洲。在青岛有自然分布。

保护级别: 国家二级重点保护野生动物。

鸳 鸯

学名：*Aix galericulata*

分类地位：鸟纲雁形目鸭科鸳鸯属

中文别名：乌仁哈钦、官鸭、匹鸟、邓木鸟、鸳鸯鸟

特征：小型雌雄异色鸭。

雄鸟：嘴红色，有醒目的白色眉纹，具艳丽冠羽、金色颈羽、特有的栗黄色直立帆羽。

雌鸟：嘴灰黑色，体羽灰色，下体白色，眼周白色与醒目白色眉纹相连。

自然分布：东亚。在我国，除青海、新疆、西藏外，各省可见。在青岛有自然分布。

保护级别：国家二级重点保护野生动物。

· 鹤形目（Gruiformes）

鹤形目物种为大小不一的涉禽。腿、颈、嘴多较长。胫部通常裸露无羽。趾一般细长，不具蹼或微具蹼。四趾不在一平面上（后趾高于前3趾）。翅大都短圆。尾短。飞行时双腿下垂或后伸，颈部直伸。雌雄鸟外形相似。幼鸟为早成鸟。

白头鹤

学名: *Grus monacha*
分类地位: 鸟纲鹤形目鹤科鹤属
中文别名: 锅鹤、玄鹤、修女鹤

特征：大型涉禽。体长 92 ～ 97 厘米，体重 3. 28 ～ 4. 87 千克。翼圆短，尾短。体大部分呈石板灰色。眼睛前面和额部密被黑色的刚毛。头顶上的皮肤裸露无羽，呈鲜红色。头其余部分和颈的上部为白色。虹膜深褐色。嘴黄绿色。胫的裸出部、跗跖和趾为黑色。

自然分布：我国，以及俄罗斯西伯利亚、蒙古东北部、朝鲜、韩国、日本。在青岛有自然分布。

保护级别：国家一级重点保护野生动物，列入 CITES 附录Ⅰ。

丹顶鹤

学名: *Grus japonensis*

分类地位: 鸟纲鹤形目鹤科鹤属

中文别名: 仙鹤

特征: 大型涉禽。体长 120 ～ 160 厘米。成鸟体大部分白色。颈部黑色。头顶皮肤裸露,呈鲜红色。额和眼先微具黑羽。喉、颊和颈大部分褐色。尾羽短,白色。次级和三级飞羽黑色。幼鸟体羽大多棕黄色,嘴黄色。亚成体羽色暗淡,2 龄后头顶裸区红色越发鲜艳。

自然分布: 我国,以及俄罗斯、蒙古、朝鲜、韩国、日本。在青岛有自然分布。

保护级别: 国家一级重点保护野生动物,列入 CITES 附录Ⅰ。

自枕鹤

学名: *Grus vipio*

分类地位: 鸟纲鹤形目鹤科鹤属

中文别名: 红脸鹤、红面鹤、白顶鹤、土鹤

特征: 大型涉禽。体形与丹顶鹤相似但比丹顶鹤略小,而大于白头鹤。体大部分呈灰色。前额、头顶前部、眼先、眼周皮肤裸出,均为鲜红色,其上着生有稀疏的黑色毛状短羽。耳羽为烟灰色。喉部为白色。尾羽末端具有宽的黑色横斑。翅膀上的初级飞羽黑褐色,具有白色的羽干纹;次级飞羽黑褐色,基部白色;三级飞羽为淡灰白色,延长成弓状。虹膜褐色。嘴黄绿色。脚红色。

自然分布: 我国,以及俄罗斯、蒙古、朝鲜、韩国和日本。在青岛有自然分布。

保护级别: 国家二级重点保护野生动物,列入 CITES 附录Ⅰ。

白 鹤

学名: *Grus leucogeranus*

分类地位: 鸟纲鹤形目鹤科鹤属

中文别名: 西伯利亚鹤、黑袖鹤

特征: 大型涉禽。体长130～140厘米。雌雄体形相似。头除前半部有少许白须羽外,均裸露,呈朱红色。体羽白色。三级飞羽延长成镰刀状,覆盖于尾上,站立时盖住了黑色初级飞羽,因此通体白色,但飞翔时可见黑色初级飞羽。嘴和脚淡肉红色。虹膜黄白色。幼鸟全身淡黄色,嘴、腿和脚暗红色,虹膜黄色。越冬后的亚成体除颈、肩尚存黄羽外,余似成鸟。

自然分布: 我国,以及俄罗斯、印度、伊朗、阿富汗、日本等地。在青岛有自然分布。

保护级别: 国家一级重点保护野生动物,列入CITES附录Ⅰ。

灰鹤

学名: *Grus grus*

分类地位: 鸟纲鹤形目鹤科鹤属

中文别名: 千岁鹤、玄鹤、番薯鹤

特征: 大型涉禽。体长 100 ~ 120 厘米。雌雄体形相似,雌鸟比雄鸟略小。后趾小而高位,不能与前 3 趾对握。前额和眼先黑色,被有稀疏的黑色毛状短羽。冠部几乎无羽,裸出的皮肤呈红色。喉、前颈和后颈灰黑色。眼后有一白色宽纹穿过耳羽至后枕,再沿颈部向下到上背。体其余部分为石板灰色,背、腰色较深,胸、翅色较淡。初级飞羽、次级飞羽端部、尾羽端部和尾上覆羽为黑色。虹膜红褐色或黄褐色。嘴黑绿色,端部沾黄色。腿和脚灰黑色。

自然分布: 鹤类中分布最广的物种,在世界范围内广泛分布。在青岛有自然分布。

保护级别: 国家二级重点保护野生动物,列入 CITES 附录Ⅱ。

赤颈鹤

学名：*Grus antigone*

分类地位：鸟纲鹤形目鹤科鹤属

特征：大型涉禽。体形比丹顶鹤略大，但小于白鹤。体长为140～152厘米，体重10千克左右。头侧、喉部和颈上部裸露皮肤呈粗糙颗粒状、红色，此红色在繁殖期间更鲜艳。头顶裸露皮肤平滑，呈灰绿色。嘴基部有一灰白色的羽斑。眼先有少许黑色的刚毛。颈基部有时有一白色的颈环紧邻裸露的颈上部。初级覆羽和初级飞羽黑色。内侧次级飞羽和三级飞羽延长，覆盖于淡灰色的尾羽上。其余体羽均呈灰色。虹膜橘色。嘴灰色或绿褐色。跗跖和趾肉红色或粉红色。

自然分布：主要分布于亚洲、澳大利亚。

保护级别：国家一级重点保护野生动物，列入CITES附录Ⅱ。

蓑羽鹤

学名： *Anthropoides virgo*

分类地位： 鸟纲鹤形目鹤科蓑羽鹤属

中文别名： 闺秀鹤

特征： 大型涉禽。体长 68 ～ 92 厘米，是鹤类中个体最小者。通体蓝灰色，眼先、头侧、喉和前颈黑色，眼后有一白色簇羽。前颈黑色羽延长，悬垂于胸部。大覆羽和初级飞羽灰黑色。内侧次级飞羽和三级飞羽延长，覆盖于尾上，端部黑色，其余部分为石板灰色。飞翔时翅尖黑色。虹膜红色或紫红色。嘴黄绿色。脚和趾黑色。

自然分布： 亚欧地区。在青岛有自然分布。

保护级别： 国家二级重点保护野生动物，列入 CITES 附录Ⅱ。

灰冕鹤

学名:*Balearica regulorum*

分类地位:鸟纲鹤形目鹤科冠鹤属

中文别名:戴冕鹤、东非冠鹤

特征:灰冕鹤是世界上唯一一种能在树上筑巢的鹤类。体高约 100 厘米,体重约 3.5 千克。雌雄体形相似,雌鸟比雄鸟略小。身体羽毛主要呈灰色。双翼大部分呈白色。头部有 1 束金色冠羽。面部两侧白色。喉上有一鲜红色的气囊。嘴相对较短,灰色。脚黑色。

自然分布:非洲。

保护级别:列入 CITES 附录Ⅰ。

花田鸡

学名: *Coturnicops exquisitus*

分类地位: 鸟纲鹤形目秧鸡科花田鸡属

特征: 小型涉禽。体长 12 ～ 14 厘米。上体褐色或橄榄褐色，具黑色的条纹和窄的白色横斑。前额、头侧和后颈上部淡橄榄褐色，具细小的白色斑点。贯眼纹褐色。初级飞羽淡褐色，次级飞羽白色，在翅膀上形成显著的白斑，飞翔时明显可见。颊部、喉部和腹部为污白色。胸部具有淡橄榄褐色的横斑。两胁和尾下橄榄褐色，具白色横斑。尾部短而上翘。虹膜褐色。嘴黄色。脚肉褐色或黄褐色。

自然分布: 我国，以及俄罗斯、蒙古、朝鲜、韩国、日本。在青岛有自然分布。

保护级别: 国家二级重点保护野生动物。

· 鸻形目（Charadriiformes）

鸻形目物种多为中型、小型涉禽。雌雄体形相似。眼先被羽。嘴细而直，有的向上或向下弯曲。翅形尖，善飞。胫和脚均较长，胫的下部裸出，后趾小或缺（存在时位置亦比其他趾稍高），奔跑迅速。体多呈沙土色，具有隐蔽性。幼鸟为早成鸟。

小青脚鹬

学名：*Tringa guttifer*

分类地位：鸟纲鸻形目鹬科鹬属

中文别名：诺氏鹬

特征：小型涉禽。全长约30厘米。嘴较粗而微向上翘，尖端黑色，基部绿色或淡黄褐色。

夏季：头顶至后颈赤褐色，具黑褐色纵纹。背部为黑褐色，具白色斑点。腰部和尾羽为白色，且腰部的白色区呈楔形向下背部延伸，尾羽的端部具黑褐色横斑，飞翔时极为醒目。下体为白色。前颈、胸部和两胁具黑色圆斑。

冬季：背部灰褐色，羽缘为白色。下体包括腋羽和翼下覆羽白色。飞翔时脚不伸到尾羽后面。

虹膜褐色。脚较短，黄色、绿色或黄褐色。趾间局部具蹼。

自然分布：我国，以及俄罗斯、印度、缅甸、泰国、马来西亚和印度尼西亚等地。在青岛有自然分布。

保护级别：国家一级重点保护野生动物，列入CITES附录Ⅰ。

小杓鹬

学名: *Numenius minutus*

分类地位: 鸟纲鸻形目鹬科杓鹬属

中文别名: 小油老罐

特征: 小型涉禽。体长30厘米左右,体重0.1～0.25千克。雌雄体形相似,但雌鸟比雄鸟大。头顶黑褐色,具较细的中央冠纹。贯眼纹黑褐色,眉纹淡黄色。背、肩羽黑色,羽缘密布淡黄色斑。前颈、胸黄色,具细的黑褐色条纹。腹白色,两胁具黑褐色斑。尾羽灰褐色,有黑褐色横斑。嘴长而向下弯曲,呈肉红色。亚成鸟通体有较多土黄色斑,胸前的褐色条纹和胁上的暗斑不显著或者消失。

自然分布: 我国,以及俄罗斯、蒙古、日本、韩国、泰国、菲律宾、新加坡、印度尼西亚、巴布亚新几内亚、澳大利亚、新西兰等地。在青岛有自然分布。

保护级别: 国家二级重点保护野生动物。

遗 鸥

学名: *Larus relictus*

分类地位: 鸟纲鸻形目鸥科鸥属

中文别名: 寡妇鸥、钓鱼郎

特征: 中型水禽。体长为 39 ～ 46 厘米。成鸟夏羽头部深棕褐色至黑色。眼的上、下方及后缘具有显著的白斑。颈部白色。背部淡灰色。腰、尾上覆羽和尾羽白色。成鸟虹膜棕褐色,嘴和脚暗红色。幼鸟嘴、脚为黑色或灰褐色。

自然分布: 我国,以及俄罗斯、蒙古、哈萨克斯坦、朝鲜、韩国、越南等地。在青岛有自然分布。

保护级别: 国家一级重点保护野生动物,列入 CITES 附录Ⅰ。

小 鸥

学名: *Larus minutus*

分类地位: 鸟纲鸻形目鸥科鸥属

特征: 小型水禽。体长 28 ～ 31 厘米。

夏羽:头黑色。下颈、腰、尾白色。肩、背和翅上覆羽及飞羽淡灰色。翅下灰黑色。飞羽末端白色,形成明显的白色翅后缘,飞翔时极明显。

冬羽:头白色,头顶至后枕色暗,眼后具一暗色斑。

幼鸟似非繁殖羽,前额白色,头顶后部和枕部黑色,背淡灰色到灰褐色,下体白色。尾白色,具宽的黑色端斑。

虹膜褐色。成鸟嘴细窄,暗红色至红黑色,脚红色。幼鸟嘴黑褐色,脚肉红色。

相似种红嘴鸥体形较大,头色较淡,嘴为红色,初级飞羽具黑色尖端。黑嘴鸥体形也较大,嘴黑色,眼上、下缘有星月形白斑,初级飞羽末端黑色,翼下白色,仅部分初级飞羽黑色。

自然分布: 亚欧大陆。在青岛有自然分布。

保护级别: 国家二级重点保护野生动物。

中华凤头燕鸥

学名: *Sterna bernsteini*

分类地位: 鸟纲鸻形目燕鸥科凤头燕鸥属

中文别名: 黑嘴端凤头燕鸥

特征: 中型水禽。体长 38 ～ 42 厘米。夏羽自前额经眼到枕部的头顶部分及头冠羽均为黑色。背、肩和翅上覆羽为淡灰色(几乎呈白色)。尾上覆羽和尾羽为白色。尾羽呈深叉状,外侧尾羽逐渐变尖。虹膜褐色。夏季嘴略粗,稍微弯曲,呈黄色,尖端具有黑色的次端斑。冬季嘴全部为黄色。脚和趾为黑色。冬羽和夏羽相似,但前额和头顶为白色,头顶具有黑色纵纹。

自然分布: 我国,以及印度尼西亚、马来西亚、菲律宾和泰国。在青岛有自然分布。

保护级别: 国家一级重点保护野生动物。

· 鹰形目（Accipitriformes）

鹰形目物种为食肉性鸟类。性情凶猛，善翱翔。嘴弯曲，嘴基部有蜡膜。鼻孔开在蜡膜上，大多非圆形。脚强劲有力，脚爪弯曲、带钩且锋利，跗跖前缘被盾鳞或被羽，少数被网鳞。翼宽圆，尾细长。

鹗

学名：*Pandion haliaetus*

分类地位：鸟纲鹰形目鹗科鹗属

中文别名：鱼鹰、鱼雕、鱼鸿、鱼江鸟

特征：中型猛禽。枕部的羽毛稍微呈披针形延长，形成一个短的羽冠。头部白色，头顶具有黑褐色的纵纹，头侧有一条宽的黑带，从前额的基部经过眼睛到后颈。上体褐色，略微具有紫色的光泽。下体白色。颏部、喉部微具细的褐色羽干纹。胸部具有赤褐色的斑纹。飞翔时两翅狭长，不能伸直，翼角向后弯曲成一定的角度，常在水面的上空翱翔盘旋。虹膜淡黄色或橘黄色。眼周裸露皮肤铅黄绿色。嘴黑色。蜡膜铅蓝色。脚和趾黄色。爪黑色。

自然分布：世界各地均有分布。在青岛有自然分布。

保护级别：国家二级重点保护野生动物。

松雀鹰

学名: *Accipiter virgatus*

分类地位: 鸟纲鹰形目鹰科鹰属

中文别名: 松子鹰、摆胸、雀贼、雀鹞

特征:

雄鸟:头顶至后颈黑褐色,头顶缀有棕褐色,头侧、颈侧和上体部分灰褐色。后颈基部羽毛白色。肩和三级飞羽基部有白斑。尾上覆羽灰褐色,具4～5条黑褐色横斑。颏和喉白色,中央具有1条宽的黑褐色纵纹。胸和两肋白色,具宽的灰栗色横斑。腹白色,具灰褐色横斑。覆腿羽白色,具灰褐色横斑。尾下覆羽白色,具少许断裂的灰褐色横斑。

雌鸟和雄鸟体形相似,但较雄鸟大,上体更富褐色,下体斑更显著。

虹膜、蜡膜和脚黄色。嘴在基部为铅蓝色,尖端黑色。

自然分布: 我国,以及缅甸。印度、泰国、菲律宾等地。在青岛有自然分布。

保护级别: 国家二级重点保护野生动物。

日本松雀鹰

学名：*Accipiter gularis*

分类地位：鸟纲鹰形目鹰科鹰属

中文别名：斑雄、蚂蚱鹰

特征：小型猛禽。体长 23 ～ 34 厘米，体重 0.075 ～ 0.173 千克。雌鸟比雄鸟大。体形很像松雀鹰，但和松雀鹰有以下不同：喉部中央的黑纹较细，不似松雀鹰那样宽而显著；翅下覆羽白色且具有灰色的斑点，而松雀鹰的翅下覆羽棕色；腋羽白色且具有灰色横斑，而松雀鹰的腋羽棕色且具有黑色横斑。雄鸟的虹膜深红色，雌鸟的为黄色。嘴蓝色，尖端黑色。蜡膜黄色。脚黄色，爪黑色。

自然分布：我国，以及俄罗斯、朝鲜、韩国、日本、菲律宾等地。在青岛有自然分布。

保护级别：国家二级重点保护野生动物，列入 CITES 附录Ⅰ。

雀鹰

学名：*Accipiter nisus*

分类地位：鸟纲鹰形目鹰科鹰属

中文别名：鹞子

特征：

雄鸟：上体灰色，前额微缀棕色。后颈羽基白色，常外露。尾灰褐色，具4～5个黑褐色横斑、灰白色端斑和较宽的黑褐色次端斑。眼先灰色，具黑色刚毛，有的具白色眉纹。头侧和脸棕色，具暗色羽干纹。下体白色。颏和喉满布褐色羽干细纹。胸、腹和两胁具红褐色或褐色细横斑。尾下覆羽亦为白色，常缀不甚明显的淡灰褐色斑纹。翅下覆羽和腋羽白色或乳白色，具褐色或棕褐色细横斑。

雌鸟：体形较雄鸟大。上体灰褐色。前额乳白色，有的缀有淡棕黄色。羽基白色，多外露。下体乳白色。颏和喉具宽的褐色纵纹。胸、腹和两胁以及覆腿羽均具褐色横斑。其余羽色似雄鸟。

虹膜橘黄色。嘴铅灰色，尖端黑色，基部黄绿色。蜡膜黄色或黄绿色。脚和趾橘黄色。爪黑色。

自然分布：亚欧大陆及非洲北部。在青岛有自然分布。

保护级别：国家二级重点保护野生动物。

苍 鹰

学名：*Accipiter gentilis*

分类地位：鸟纲鹰形目鹰科鹰属

中文别名：鹰、牙鹰、黄鹰、鹞鹰、元鹰

特征：雌雄体形相似，但雌鸟比雄鸟大且色暗。成鸟前额、头顶、枕部和头侧黑褐色。颈部羽基白色。眉纹白色，具黑色羽干纹。耳羽黑色。上体到尾灰褐色。飞羽有褐色横斑。尾灰褐色，具 3 ～ 5 个黑褐色横斑。喉部有黑褐色细纹及褐色斑。胸、腹、两胁和覆腿羽布满较细的横纹，羽干黑褐色。肛周和尾下覆羽白色，有少许褐色横斑。虹膜金黄色或黄色。蜡膜黄绿色。嘴黑色，基部沾蓝色。脚和趾黄色。爪黑色。跗跖前后缘均为盾状鳞。

自然分布：世界各地均有分布。在青岛有自然分布。

保护级别：国家二级重点保护野生动物，列入 CITES 附录Ⅱ。

赤腹鹰

学名：*Accipiter soloensis*

分类地位：鸟纲鹰形目鹰科鹰属

中文别名：鸽子鹰、蜡鼻、鹅鹰

特征：中型猛禽。成鸟上体淡蓝灰色。背部羽尖略具白色。外侧尾羽具不明显的黑色横斑。下体白色。胸及两胁略沾粉色，两胁具浅灰色横纹，腿上也略具横纹。翼下除初级飞羽羽端黑色外，几乎全白。虹膜红色或褐色。嘴灰色，尖端黑色。蜡膜橘黄色。脚橘黄色。

自然分布：我国，以及东南亚等地。在青岛有自然分布。

保护级别：国家二级重点保护野生动物，列入 CITES 附录Ⅱ。

凤头鹰

学名：*Accipiter trivirgatus*

分类地位：鸟纲鹰形目鹰科鹰属

中文别名：凤头苍鹰

特征：中型猛禽。雌鸟明显比雄鸟大。头前额顶至后颈及羽冠黑灰色。头和颈侧具黑色羽干纹。上体其余部分褐色。尾淡褐色，具白色端斑、1条不甚显著的横带和4条显著的褐色横带。尾覆羽尖端白色。飞羽亦具褐色横带，且内翈基部白色。颏、喉和胸白色。颏和喉具黑褐色中央纵纹。胸具宽的棕褐色纵纹。胸以下具棕褐色与白色相间排列的横斑。尾下覆羽白色。虹膜金黄色。嘴角褐色或铅色，嘴峰和嘴尖黑色，口角黄色。蜡膜和眼睑黄绿色。脚和趾淡黄色。爪黑色。

自然分布：我国西南部，以及东南亚。在青岛有自然分布。

保护级别：国家二级重点保护野生动物，列入 CITES 附录Ⅱ。

凤头蜂鹰

学名: *Pernis ptilorhynchus*

分类地位: 鸟纲鹰形目鹰科凤头鹰属

中文别名: 八角鹰、雕头鹰、蜜鹰

特征: 中型猛禽。头侧具有短硬、厚密的鳞片状羽毛，这是其独有的特征之一。枕部通常具有短的黑色羽冠。羽色变化较大。虹膜为金黄色或橘红色。嘴黑色。脚和趾黄色。爪黑色。

自然分布: 东亚及东南亚。在青岛有自然分布。

保护级别: 国家二级重点保护野生动物，列入 CITES 附录Ⅱ。

黑翅鸢

学名: *Elanus caeruleus*

分类地位: 鸟纲鹰形目鹰科黑翅鸢属

中文别名: 红眼鹰、灰鹞子

特征: 雌雄体形相似。跗跖前面一半被羽,一半裸露。平尾,中间稍凹,呈浅叉状。前额白色。到头顶逐渐变为灰色。眼先和眼上有黑斑。中央尾羽灰色,尖端缀有皮黄色;两侧尾羽灰白色,尖端缀有皮黄色。下体和翅下覆羽白色。成鸟虹膜血红色,幼鸟虹膜黄色或黄褐色。嘴黑色。蜡膜和口角淡黄色。脚和趾深黄色。爪黑色。

自然分布: 非洲、亚欧大陆南部等地。在青岛有自然分布。

保护级别: 国家二级重点保护野生动物,列入 CITES 附录Ⅱ。

黑鸢

学名: *Milvus migrans*

分类地位: 鸟纲鹰形目鹰科黑鸢属

中文别名: 老鹰、黑耳鸢

特征: 头顶至后颈棕褐色，具黑褐色羽干纹。前额基部和眼先灰白色。耳羽黑褐色。上体褐色，微具紫色光泽和不甚明显的暗色细横纹和淡色端缘。尾棕褐色，呈浅叉状，具有宽度相等、相间排列的黑色和褐色横带，尾端具淡棕白色羽缘。初级飞羽黑褐色，外侧飞羽内翈基部白色，形成翼下一大型白色斑，飞翔时极为醒目。颏、颊和喉灰白色，具细的褐色羽干纹。胸、腹及两胁棕褐色，具显著的黑褐色羽干纹。下腹至肛部羽毛色稍淡，呈棕黄色。尾下覆羽灰褐色。翅上覆羽棕褐色。虹膜褐色。嘴黑色，蜡膜和下嘴基部黄绿色。脚和趾黄色或黄绿色。爪黑色。

自然分布: 除美洲、南极洲外，其他各洲均有分布。

保护级别: 国家二级重点保护野生动物。

普通鵟

学名：*Buteo japonicus*

分类地位：鸟纲鹰形目鹰科鵟属

中文别名：鸡母鹞

特征：大型猛禽。体长 50 ～ 59 厘米。体色变化较大，主要为褐色至棕色。下体具棕色横斑或纵纹。尾羽褐色，具有多条暗色横斑。飞翔时两翼宽阔，在初级飞羽的基部有明显的白斑，尾羽呈扇形散开。虹膜褐色。嘴褐色。蜡膜黄色。脚黄色。爪黑色。

自然分布：亚洲、欧洲、非洲。在青岛有自然分布。

保护级别：国家二级重点保护野生动物。

大 鵟

学名：*Buteo hemilasius*

分类地位：鸟纲鹰形目鹰科鵟属

中文别名：豪豹、白鹭豹

特征：体长 57 ～ 71 厘米。体色变化较大，分暗型、淡型两种。

暗型：上体褐色。肩和翼上覆羽缘淡褐色。头和颈部羽色稍淡，羽缘棕黄色。眉纹黑色。尾淡褐色，具 6 个横斑，羽干及羽缘白色。翅褐色，飞羽内翈基部白色；次级飞羽及内侧覆羽具暗色横斑，内翈边缘白色并具暗色点斑；翅下飞羽基部白色，形成白斑。下体淡棕色，具暗色羽干纹及横纹，覆腿羽褐色。

淡型：头顶、后颈白色，具暗色羽干纹。眼先灰黑色。耳羽褐色。背、肩、腹暗色，羽缘具棕白色纵纹。尾羽淡褐色，羽干纹及外侧尾羽内翈近白色，具 8 ～ 9 个褐色横斑。尾上覆羽淡棕色，具褐色横斑。下体白色。胸侧、下腹及两胁具褐色斑。尾下腹羽白色。覆腿羽褐色。

虹膜黄褐色。嘴黑褐色。蜡膜绿黄色。跗跖和趾黄褐色。爪黑色。

自然分布：亚欧大陆。在青岛有自然分布。

保护级别：国家二级重点保护野生动物。

毛脚鵟

学名: *Buteo lagopus*

分类地位: 鸟纲鹰形目鹰科鵟属

中文别名: 雪白豹、毛足鵟

特征: 中型猛禽。前额、头顶直到枕部均为乳白色或白色,缀黑褐色羽干纹。上体褐色,羽缘色淡。翅上覆羽褐色,沾棕色,具棕白色羽缘。下背和肩部常缀近白色的不规则横带。尾部覆羽常有白色横斑。尾羽白色,末端具有宽的黑褐色斑。翼角具黑斑。腹部两侧有褐色斑块。下体其余部分白色,有褐色纵纹。嘴深灰色。蜡膜、脚和趾黄色。爪褐色。

自然分布: 亚欧大陆及北美洲。在青岛有自然分布。

保护级别: 国家二级重点保护野生动物,列入 CITES 附录Ⅱ。

白尾鹞

学名: *Circus cyaneus*

分类地位: 鸟纲鹰形目鹰科鹞属

中文别名: 灰泽鹞、灰鹰、灰鹞

特征:

雄鸟:前额灰白色。头顶灰褐色,具暗色羽干纹。后头褐色,具棕黄色羽缘。耳后下方有一圈蓬松而稍卷曲的羽毛形成的皱翎。后颈蓝灰色,常缀以褐色或黄褐色羽缘。尾上覆羽白色。中央尾羽银灰色,横斑不明显。颏、喉和上胸蓝灰色,下体其余部分白色。

雌鸟:上体褐色。头至后颈、颈侧和翅覆羽具棕黄色羽缘。耳后下方有一圈卷曲的淡色羽毛形成的皱翎。尾上覆羽白色。中央尾羽灰褐色。外侧尾羽棕黄色,具黑褐色横斑。下体呈棕白色或黄白色,具显著的红褐色纵纹;或呈棕黄色,缀以棕褐色纵纹。虹膜黄色。嘴黑色,基部蓝灰色。蜡膜黄绿色。脚和趾黄色。爪黑色。

自然分布: 亚洲、欧洲、非洲。在青岛有自然分布。

保护级别: 国家二级重点保护野生动物,列入 CITES 附录Ⅱ。

鹊 鹞

学名: *Circus melanoleucos*

分类地位: 鸟纲鹰形目鹰科鹞属

中文别名: 喜鹊鹞、喜鹊鹰、黑白尾鹞、花泽鵟

特征:

雄鸟:头、颈、背、肩、外侧6枚初级飞羽和中覆羽黑色。内侧初级飞羽、次级飞羽和大覆羽银灰色,内翈羽缘白色。翅上小覆羽、腰及尾上覆羽白色,具银灰色光泽。尾上覆羽具灰褐色斑。尾羽银灰色,沾褐色。除中央1对尾羽外,外侧尾羽先端和内翈羽缘灰白色。颏、喉至上胸黑色,下胸、腹、胁、覆腿羽、尾下覆羽、翅下覆羽和腋羽均为白色。

雌鸟:上体褐色,头顶至后颈羽缘棕白色,背和肩具窄的棕色羽缘。尾羽灰褐色,具黑褐色横斑。翅外侧飞羽褐色,具黑褐色斑纹,内翈基部白色;内侧飞羽灰褐色,具褐色横斑纹。下体污白色,具黑褐色纵纹。

虹膜黄色。嘴黑色或铅蓝灰色,下嘴基部黄绿色。蜡膜亦为黄绿色。脚和趾黄色或橘黄色。

自然分布: 我国,以及东南亚国家。在青岛有自然分布。

保护级别: 国家二级重点保护野生动物,列入CITES附录Ⅱ。

白腹鹞

学名: *Circus spilonotus*

分类地位: 鸟纲鹰形目鹰科鹞属

中文别名: 泽鹞、白尾巴根子

特征:

雄鸟：头顶、头侧、后颈至上背白色，具宽的黑褐色纵纹。肩、下背、腰黑褐色，具灰白色或淡棕色斑点或羽端。尾上覆羽白色，具不甚规则的淡棕褐色斑。尾羽银灰色，外侧尾羽内翈基部和羽端污白色，具淡棕褐色斑。下体白色，喉和胸具黑褐色纵纹。覆腿羽和尾下覆羽白色，具淡棕褐色斑块或斑点。翼下覆羽和腋羽白色，腋羽具淡棕褐色横斑。

雌鸟：上体褐色，具棕红色羽缘。头至后颈乳白色或黄褐色，具褐色纵纹。尾上覆羽白色，具棕褐色斑纹。尾羽银灰色，微沾棕色，具黑褐色横斑。飞羽黑褐色，具淡色横斑。颏、喉、胸、腹黄白色或白色，具宽的褐色羽干纹。

虹膜橘黄色。嘴黑褐色，嘴基部淡黄色。蜡膜黄色。脚淡黄绿色。

自然分布: 亚洲东部。在青岛有自然分布。

保护级别: 国家二级重点保护野生动物。

白肩雕

学名：*Aquila heliaca*

分类地位：鸟纲鹰形目鹰科雕属

中文别名：御雕

特征：前额至头顶黑褐色，头后部、枕部、后颈和头侧棕褐色，后颈缀细的黑褐色羽干纹。背、腰和尾上覆羽均为黑褐色，微缀紫色光泽。长形肩羽白色，形成显著的白色肩斑。尾灰褐色，具不规则的黑褐色斑纹，并具宽的黑色端斑。颏、喉、胸、腹、两胁和覆腿羽黑褐色。尾下覆羽淡黄褐色，微缀褐色纵纹。翅下覆羽和腋羽亦为黑褐色。跗跖被羽。成鸟虹膜褐色或红褐色。幼鸟虹膜为褐色。嘴黑褐色，嘴基部铅蓝灰色。蜡膜和趾黄色。爪黑色。

自然分布：亚洲、欧洲、非洲东北部。在青岛有自然分布。

保护级别：国家一级重点保护野生动物，列入 CITES 附录Ⅰ。

金雕

学名: *Aquila chrysaetos*

分类地位: 鸟纲鹰形目鹰科雕属

中文别名: 金鹫、老雕、洁白雕、鹫雕

特征: 大型猛禽。头顶黑褐色。后头至后颈羽毛尖长，呈柳叶状，羽基红褐色，羽端金黄色，具黑褐色羽干纹。上体褐色，肩部色较淡，背部和肩部微缀紫色光泽。尾上覆羽淡褐色，尖端近黑褐色。尾羽灰褐色，具不规则的灰褐色横斑或斑纹。翅上覆羽红褐色，羽端色较淡。颏、喉和前颈黑褐色，羽基白色。胸、腹亦为黑褐色，羽轴纹较淡。覆腿羽、尾下覆羽和翅下覆羽及腋羽均为褐色，覆腿羽具红色纵纹。虹膜栗褐色。嘴端部黑色，基部蓝褐色或蓝灰色(幼鸟嘴铅灰色，嘴裂黄色)。蜡膜和趾黄色。爪黑色。

自然分布: 亚洲、欧洲、北美洲、非洲北部。

保护级别: 国家一级重点保护野生动物。

草原雕

学名: *Aquila nipalensis*

分类地位: 鸟纲鹰形目鹰科雕属

中文别名: 大花雕、角鹰

特征: 大型猛禽。体长 70 ～ 80 厘米。体形比金雕、白肩雕略小。雌雄体形相似,雌鸟比雄鸟大。头显得小而突出。两翼较长。飞行时两翼平直,滑翔时两翼略弯曲。体色变化较大,从淡灰褐色、褐色、棕褐色到土褐色都有。两翼具深色后缘。有时翼下大覆羽露出淡色的翼斑。下体土褐色。胸、上腹及两胁杂以棕色纵纹。尾下覆淡棕色,杂以褐色斑。

自然分布: 亚洲、欧洲、非洲。在青岛有自然分布。

保护级别: 国家二级重点保护野生动物。

蛇 雕

学名：*Spilornis cheela*

分类地位：鸟纲鹰形目鹰科蛇雕属

中文别名：大冠鹫、蛇鹰、冠蛇雕、凤头捕蛇雕

特征：前额白色，头顶黑色，羽基白色。枕部有大而显著的黑色羽冠，羽冠通常呈扇形展开，其上有白色横斑。上体褐色，具窄的白色或淡棕黄色羽缘。尾上覆羽具白色尖端。尾黑色，具1条宽的白色或灰白色中央横带和窄的白色尖端。翅上小覆羽褐色，具白色斑点。飞羽黑色，具白色端斑和淡褐色横斑。喉和胸灰褐色或黑色，具虫蠹状斑。下体其余部分灰皮黄色或棕褐色，具较多的白色圆形细斑。虹膜黄色。嘴蓝灰色，先端色较暗。蜡膜铅灰色或黄色。跗跖裸出，被网状鳞，黄色。趾黄色。爪黑色。

自然分布：我国，以及南亚、东南亚。在青岛有自然分布。

保护级别：国家二级重点保护野生动物。

乌雕

学名： *Clanga clanga*

分类地位： 鸟纲鹰形目鹰科乌雕属

中文别名： 花雕、小花皂雕

特征： 大型猛禽。体长 61 ～ 74 厘米。鼻孔为圆形，而其他雕类的鼻孔均为椭圆形。尾短。通体褐色。背部略微缀有紫色光泽。颏、喉和胸黑褐色，下体其余部分色稍淡。尾羽短，基部有 1 个 V 形白斑。飞行时两翅宽长而平直，不上举。虹膜褐色。嘴黑色，基部色较淡。蜡膜和趾为黄色。爪黑褐色。

自然分布： 亚洲、欧洲东部、非洲东北部等地。在青岛有自然分布。

保护级别： 国家一级重点保护野生动物。

靴隼雕

学名：*Hieraaetus pennatus*

分类地位：鸟纲鹰形目鹰科隼雕属

中文别名：靴雕

特征：

淡色型：前额、眼先白色。头顶至后颈和颈侧茶褐色或棕黄色，具褐色纵纹，尤以头顶较宽。通常有窄的黑色眉纹。背、腰土褐色。肩外侧、最内侧次级飞羽，翅上小覆羽和中覆羽色较淡，具有宽的白色或淡皮黄色羽缘和暗色羽轴纹。下体白色或皮黄白色，具褐色纵纹，尤以颏部、喉部纵纹最密。下胸、腹和两胁纵纹不明显。翼下覆羽和长的腋羽白色，具黑色斑纹。短的腋羽白色，具棕褐色纵纹。跗跖被羽。覆腿羽和尾下覆羽白色，具不明显的棕色横斑。

暗色型：上体黑褐色，具黑色纵纹。翅上覆羽褐色。尾羽褐色，具4～5个明显的黑褐色横斑。尾上覆羽棕褐色。下体褐色，具黑褐色羽干纹。覆腿羽、尾下覆羽棕黄色。翼下覆羽白色。

虹膜褐色。嘴蓝灰色或苍灰色，尖端黑色。蜡膜和嘴裂黄色，脚黄色。

自然分布：亚洲、欧洲南部、非洲。在青岛有自然分布。

保护级别：国家二级重点保护野生动物。

白尾海雕

学名: *Haliaeetus albicilla*

分类地位: 鸟纲鹰形目鹰科海雕属

中文别名: 白尾雕、黄嘴雕、芝麻雕

特征: 大型猛禽。雌鸟明显比雄鸟大。上嘴边端具弧形垂突,适于撕裂猎物吞食;基部具蜡膜或须状羽。翅强健,宽圆而钝。扇翅节奏较隼科物种慢。跗跖相对较长,约等于胫部长度。头、颈淡黄褐色或沙褐色,具褐色羽轴纹。前额基部色尤淡。肩部羽色亦稍淡,多为土褐色,并杂有暗色斑点。后颈羽毛较长,为披针形。背以下上体褐色,腰及尾上覆羽棕褐色,具褐色羽轴纹和斑纹。尾上覆羽有白斑。尾较短,呈楔状,白色。翅上覆羽褐色,羽缘淡黄褐色。飞羽黑褐色。颏、喉淡黄褐色。胸部羽毛呈披针形,淡褐色,具褐色羽轴纹和淡色羽缘。下体其余部分褐色。尾下覆羽淡棕色,具褐色斑。翅下覆羽与腋羽褐色。成鸟虹膜黄色,幼鸟虹膜褐色。成鸟嘴和蜡膜黄色,幼鸟嘴和蜡膜黑褐色到褐色。脚和趾黄色。爪黑色。

自然分布: 亚洲、欧洲。在青岛有自然分布。

保护级别: 国家一级重点保护野生动物。

短趾雕

学名: *Circaetus gallicus*

分类地位: 鸟纲鹰形目鹰科短趾雕属

中文别名: 短趾蛇雕

特征: 大型猛禽。体长 61 ～ 72 厘米。雌雄体形相似,但雌鸟更重,尾稍长。头较圆,眼较大。上体沙褐色或灰褐色。头顶、后颈和上背具较长的披针形羽毛和黑褐色羽轴纹。眼先、额、颊、眉纹和眼下白色。最长的肩羽褐色,尾灰褐色,具白色尖端和 3 个黑色横斑。颏、喉和上胸土褐色,白色羽基具黑色羽轴纹。下体其余部分白色,具淡褐色横斑,有时腹中部无横斑或横斑不明显。虹膜黄色或亮橘黄色。嘴淡蓝灰色,尖端较暗。蜡膜白色或淡灰色。脚和趾灰色。

自然分布: 亚洲、欧洲、非洲。在青岛有自然分布。

保护级别: 国家二级重点保护野生动物,列入 CITES 附录Ⅱ。

秃鹫

学名：*Aegypius monachus*

分类地位：鸟纲鹰形目鹰科秃鹫属

中文别名：狗头鹫、夭勒、狗头雕、坐山雕、欧亚黑秃鹫

特征：高原上体形最大的猛禽。翼展200多厘米。成鸟额至后枕被有褐色绒羽；后头的较长而致密，羽色亦较淡。头侧、颊、耳区具稀疏的黑褐色毛状短羽。眼先被有黑褐色纤羽。颈上部赤裸无羽，铅蓝色。颈基部具长的褐色羽簇形成的皱翎，有的皱翎缀有白色。自背至尾上覆羽褐色。尾略呈楔形，褐色，羽轴黑色。下体褐色。前胸密被以黑褐色毛状绒羽，两侧各具一束蓬松的矛状长羽。腹缀有淡色纵纹。肛周及尾下覆羽淡灰褐色或褐白色。覆腿羽褐色至黑色。虹膜褐色。嘴端黑褐色。蜡膜铅蓝色。跗跖和趾灰色。爪黑色。

自然分布：亚洲、欧洲。

保护级别：国家二级重点保护野生动物，列入CITES附录Ⅱ。

· 隼形目（Falconiformes）

隼形目物种为白天活动的肉食性猛禽。身体矫健，雌鸟比雄鸟大。上嘴弯曲，嘴缘锋利，嘴具利钩以撕裂猎物。脚强健有力，借锐利的钩爪抓食猎物。多为单独活动，善疾飞及翱翔，视力敏锐。羽色以棕色、黑色、白色为主，腹部比背部色淡，有利于隐蔽。幼鸟为晚成鸟。

红 隼

学名：*Falco tinnunculus*

分类地位：鸟纲隼形目隼科隼属

中文别名：茶隼、红鹰、黄鹰、红鹞子

特征：小型猛禽。喙较短，先端两侧有齿突，基部不被蜡膜或须状羽。鼻孔圆形，自鼻孔向内可见一柱状骨棍。翅长而狭尖，扇翅节奏快。尾较细长。

雄鸟：头顶、头侧、后颈、颈侧蓝灰色，具纤细的黑色羽干纹。前额、眼先和细窄的眉纹棕白色。背、肩和翅上覆羽砖红色，具近似三角形或椭圆形的黑斑。腰和尾上覆羽蓝灰色，具纤细的灰褐色羽干纹。尾蓝灰色，具宽的黑色次端斑和窄的白色端斑。颏、喉乳白色或棕白色。胸、腹和两胁棕黄色或黄色，胸和上腹缀黑褐色细纵纹，下腹和两胁具黑褐色矢状或滴状斑。覆腿羽和尾下覆羽淡棕色或棕白色。尾羽下面银灰色。翅下覆羽和腋羽黄白色或淡黄褐色，具褐色点状横斑。飞羽下面白色，密被黑色横斑。

雌鸟：上体棕红色。头顶、后颈、颈侧具显著的黑褐色羽干纹。背至尾上覆羽具显著的黑褐色横斑。尾棕红色，具 9 ～ 12 个黑色横斑和宽的黑色次端斑，尖端棕黄白色。翅上覆羽棕黄色。初级覆羽和飞羽黑褐色，端缘棕红色。飞羽内翈微沾棕色，具白色横斑。下体黄色，微沾棕色。胸、腹和两胁具黑褐色纵纹。翅下覆羽和腋羽淡棕黄色，密被黑褐色斑点。飞羽和尾羽下表面灰白色，密被黑褐色横斑。覆腿羽和尾下覆羽乳白色。

虹膜褐色。嘴蓝灰色或灰褐色，先端黑色，基部黄色。蜡膜和眼周黄色。脚、趾深黄色。爪黑色。

自然分布：亚洲、欧洲、非洲。在青岛有自然分布。

保护级别：国家二级重点保护野生动物。

游 隼

学名: *Falco peregrinus*

分类地位: 鸟纲隼形目隼科隼属

中文别名: 花梨鹰、鸽虎、鸭虎、青燕

特征: 中型猛禽。体长 38 ～ 50 厘米，头顶至后颈蓝灰色到黑色，有的缀有棕色。背、肩蓝灰色，具黑褐色羽干纹和横斑。腰和尾上覆羽亦为蓝灰色，但色稍淡，黑褐色横斑亦较窄。尾蓝灰色，具黑褐色横斑和淡色尖端。翅上覆羽淡蓝灰色，具黑褐色羽干纹和横斑。颊部和宽而下垂的髭纹黑褐色。喉和髭纹前后白色，下体其余部分白色或皮黄白色。上胸和颈侧具细的黑褐色羽干纹，下体其余部分具黑褐色横斑。虹膜褐色。眼睑和蜡膜黄色。嘴铅蓝灰色，基部黄色，尖端黑色。脚和趾橘黄色。爪黄色。

自然分布: 世界各地均有分布。在青岛有自然分布。

保护级别: 国家二级重点保护野生动物，列入 CITES 附录Ⅰ。

红 隼

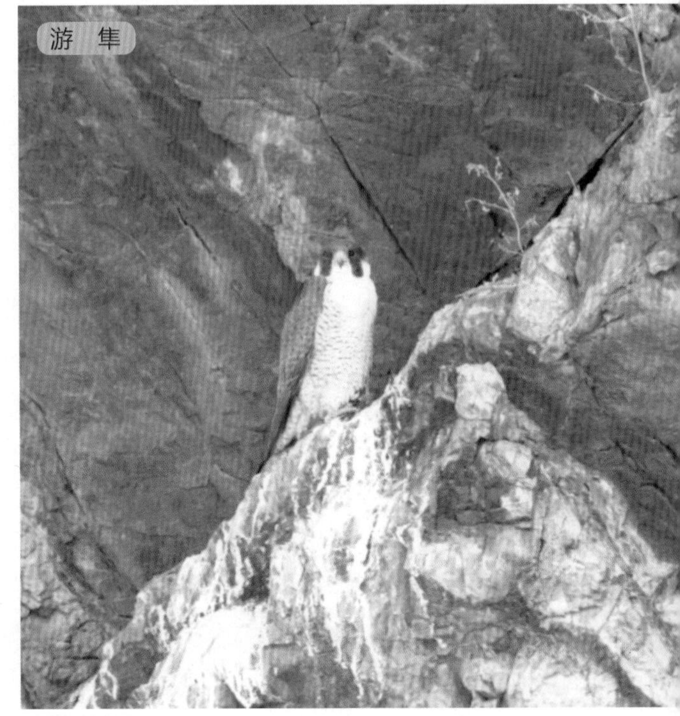

游 隼

红脚隼

学名:*Falco amurensis*

分类地位:鸟纲隼形目隼科隼属

中文别名:青鹰、青燕子、黑花鹞、红腿鹞子

特征:小型猛禽。体长 25 ～ 31 厘米。

雄鸟:上体自头至背灰黑色,腰和尾上覆羽石板灰色,均具纤细的黑褐色羽干纹。飞羽外翈灰褐色,内翈银灰色,尖端黑褐色。翅上小覆羽与背同色。中覆羽、大覆羽和初级覆羽灰褐色。小翼羽黑褐色。尾灰色,具黑色羽轴纹和淡色羽缘。颏、喉和颈侧灰白色,胸、腹和两胁灰色。胸具纤细的黑褐色羽干纹。肛周、尾下覆羽和覆腿羽棕红色。

雌鸟:额棕黄色或白色。头顶、后颈和上背石板灰色,微缀褐色,具黑褐色羽干纹。下背、肩石板灰色,具黑褐色横斑。腰和尾上覆羽淡石板灰色。尾灰色,具黑褐色横斑和灰褐色羽尖。翅上大覆羽、初级飞羽和次级飞羽黑褐色,沾灰色;内翈具乳白色、沾棕色的横斑。翅上小覆羽、中覆羽和三级飞羽与背同色,具黑褐色横斑。眼先、颊黑色。颈侧、颏、喉乳白色。下体其余部分淡黄白色或棕白色。胸被宽的黑褐色纵纹。腹中部具点状或矢状斑。腹两侧和两胁具黑色横斑。肛周、尾下覆羽和覆腿羽淡棕黄色。翅下覆羽和腋羽白色,杂有黑褐色横斑和纤细黑色羽干纹。虹膜褐色。眼周和蜡膜橘黄色。嘴红黄色,先端黑色。脚、趾橘黄色。爪淡红黄色或粉黄白色。

自然分布:我国,以及西伯利亚、朝鲜、南非。在青岛有自然分布。

保护级别:国家二级重点保护野生动物。

燕 隼

学名: *Falco subbuteo*

分类地位: 鸟纲隼形目隼科隼属

中文别名: 青条子、土鹘、儿隼、蚂蚱鹰、虫鹞

特征: 小型猛禽。体长 28 ～ 35 厘米。上体蓝灰色，有 1 条细细的白色眉纹。颊部有一条竖直向下的黑色髭纹。颈侧、喉、胸和上腹均为白色。胸、腹有黑色的纵纹。下腹至尾下覆羽和覆腿羽为棕栗色。飞翔时翅膀狭长而尖，像镰刀一样。翼下为白色，密布黑褐色的横斑。翅膀折合时，翅尖几乎到达尾羽的端部。虹膜黑褐色。眼周和蜡膜黄色。嘴蓝灰色，尖端黑色。脚、趾黄色。爪黑色。

自然分布: 亚洲、欧洲、非洲。在青岛有自然分布。

保护级别: 国家二级重点保护野生动物，列入 CITES 附录Ⅱ。

灰背隼

学名：*Falco columbarius*

分类地位：鸟纲隼形目隼科隼属

中文别名：马莲、朵子、兰花绣、桃花

特征：小型猛禽。体长 25 ～ 33 厘米。

雄鸟：前额、眼先、眉纹、头侧、颊和耳羽均为污白色，微缀皮黄色，具纤细的黑色羽干纹。头顶至后颈蓝灰色，微沾棕色。后颈有一道棕褐色领圈，并杂有黑斑。上体其余部分，包括尾上覆羽和尾淡蓝灰色，具黑褐色羽干纹。尾具宽的黑褐色次端斑和灰白色端斑。外侧尾羽内翈常具黑褐色横斑。初级飞羽黑褐色。第 1 枚初级飞羽外翈羽缘白色，其余初级飞羽外翈羽缘灰褐色。初级飞羽内翈具淡灰色或灰白色横斑。次级飞羽石板灰色，内翈羽缘灰白色。初级覆羽黑褐色。其余翅上覆羽蓝灰色。颏、喉白色；喉两侧沾棕色，并微具黑褐色羽干细纹。胸、腹和尾下覆羽淡棕黄白色，具显著的棕褐色羽干纹。翅下覆羽和腋羽淡黄白色，具棕褐色斑纹。

雌鸟：前额、眼先、眉纹、头侧、颊和耳羽黄白色，具黑色羽干细纹。耳羽后缘沾棕褐色。背至尾上覆羽褐色，微沾石板灰色，具棕色端缘。尾棕灰褐色，具黑色横带和白色端斑。尾上覆羽具灰白色羽缘。翅上覆羽与背同色。飞羽黑褐色，具棕褐色端斑。颏、喉灰白色。下体其余部分灰白色，具显著的棕褐色纵纹。翅下覆羽和腋羽污白色，具棕褐色横斑。

虹膜褐色。嘴铅蓝灰色，尖端黑色，基部黄绿色。眼周和蜡膜黄色。脚和趾橘黄色。爪黑褐色。

自然分布：亚洲、欧洲、北美洲、非洲北部。在青岛有自然分布。

保护级别：国家二级重点保护野生动物。

黄爪隼

学名: *Falco naumanni*

分类地位: 鸟纲隼形目隼科隼属

中文别名: 黄脚鹰

特征: 小型猛禽。

雄鸟:前额、眼先棕黄色。头顶、后颈、颈侧、头侧为淡蓝灰色。耳羽具棕黄色羽干纹。背、肩砖红色或棕黄色,无斑。腰和尾上覆羽淡蓝灰色,亦无斑纹。尾淡蓝灰色,具宽阔的黑色次端斑和窄的白色端斑。翅上小覆羽、中覆羽砖红色,外侧羽缘蓝灰色;大覆羽蓝灰色,缀细窄的棕褐色羽缘。颏、喉粉白色或皮黄色。胸、腹和两胁棕黄色或粉黄色,两侧具黑褐色圆斑。

雌鸟:前额污白色,微缀纤细的黑色羽干纹。眼上有1条白色眉纹。头顶、头侧、后颈、颈侧、肩、背以及两翅覆羽棕黄色或淡栗色,头顶至后颈具黑褐色羽干纹。背和肩具黑褐色横斑。腰和尾上覆羽淡蓝色,具细而不甚明显的灰褐色横斑。尾淡栗色,具9～10个窄的黑色横斑和宽的黑色次端斑及白色端斑。

虹膜褐色。嘴铅蓝灰色,基部淡黄色。蜡膜和眼周裸露皮肤橘黄色。脚趾黄色。爪粉黄色或苍白色。

自然分布: 亚洲、欧洲、非洲。在青岛有自然分布。

保护级别: 国家二级重点保护野生动物,列入CITES附录Ⅱ。

·鸡形目（Galliformes）

鸡形目物种为陆禽。体结实。喙短，呈圆锥形，适于啄食植物种子。翼短圆，不善飞。脚强健，具锐爪，善于行走和掘地寻食。雄鸟具大的肉冠和美丽的羽毛。有的跗跖后缘具距。幼鸟为早成鸟。

红腹锦鸡

学名：*Chrysolophus pictus*

分类地位：鸟纲鸡形目雉科锦鸡属

中文别名：金鸡、山鸡、采鸡

特征：中型雉鸡类。

雄鸟：跗跖具一短距，眼下裸出部具一淡黄色小肉垂。额和头顶羽毛延长成丝状，形成金黄色羽冠披覆于后颈。脸、颏、喉和前颈锈红色。后颈围以具有蓝黑色羽端的橘棕色扇状羽，呈披肩状。上体除上背浓绿色外，其余金黄色。下体自喉以下深红色，羽支离散如发。肛周淡栗红色。中央 1 对尾羽黑褐色，满缀桂黄色斑点。外侧尾羽基部桂黄色或栗褐色，具黑褐色斜纹，羽端狭长而呈深红色。

雌鸟：头顶棕黄色而具黑褐色横斑。脸棕黄色而缀黑色。耳羽银灰色。背棕黄色至棕红色，具粗的黑褐色横斑。腰及尾上覆羽棕黄色，密布黑褐色虫蠹状斑。尾棕黄色，具不规则的黑褐色横斑及斑点。两翅与背色同，但黑色横斑较宽，棕黄色羽端亦满布黑点。颏和喉白色，沾黄色。胸、两胁和尾下覆羽棕黄色，具黑色横斑。腹淡棕黄色，无斑。

自然分布：我国特产种，分布于青海、甘肃、陕西、湖北、云南、贵州、湖南、广西。

保护级别：国家二级重点保护野生动物。

白腹锦鸡

学名: *Chrysolophus amherstiae*

分类地位: 鸟纲鸡形目雉科锦鸡属

中文别名: 铜鸡、笋鸡、衾鸡、银鸡

特征: 中型雉鸡类。雄鸟全长约140厘米,雌鸟全长约60厘米。

雄鸟:头顶、上背、胸为金属绿色。枕冠紫红色。后颈扇状、羽白色,具黑色羽缘。下背棕色,向后转为朱红色。飞羽褐色。尾长,有黑白相间的云状斑。腹部白色。

雌鸟:上体及尾大部分棕褐色,缀满黑斑。胸部棕色,具黑斑。腹白色。两胁棕黄色。尾下覆羽淡棕红色,具宽的黑褐色横斑。

虹膜淡黄色至褐色。嘴和脚蓝灰色。

自然分布: 分布于我国西藏东南部,四川中部、西部和西南部,贵州西部和西南部,广西西部和云南大部,以及缅甸东北部。

保护级别: 国家二级重点保护野生动物,列入《世界自然保护联盟年濒危物种红色名录》。

· 鸮形目（Strigiformes）

鸮形目物种为夜行性猛禽。外形具备猛禽特征。外趾能后转成对趾型，利于攀缘。两眼大而向前，眼周有放射状细羽构成的“面盘”，耳孔周缘具耳羽，有助于夜间分辨声响与定位。由于柱状的眼球有坚硬的巩膜环支撑，所以眼球并不能转动。要望不同方向时，需转动整个头部。有着灵活的颈骨，颈部可旋转 270 度。全身羽毛柔软蓬松，大多呈棕褐灰色。柔软的羽毛有消音的作用，使本目鸟类飞行起来迅速而安静。尾短圆。营巢于树洞或岩隙中。幼鸟为晚成性。

纵纹腹小鸮

学名：*Athene noctua*

分类地位：鸟纲鸮形目鸱鸮科小鸮属

中文别名：小猫头鹰、小鸮、东方小鸮

特征：小型鸮类。体长 20 ～ 26 厘米。无耳羽簇。头顶平。眼亮黄色，常凝视不动。浅色平眉及白色宽髭纹使其形狰狞。上体褐色，具白色纵纹及点斑。下体白色，具褐色杂斑及纵纹。肩上有 2 个白色或皮黄色横斑。虹膜亮黄色。嘴角质，黄色。脚白色，被羽。爪黑褐色。

自然分布：亚洲西部和中部、欧洲、非洲东北部。在青岛有自然分布。

保护级别：国家二级重点保护野生动物，列入 CITES 附录Ⅱ。

长耳鸮

学名: *Asio otus*

分类地位: 鸟纲鸮形目鸱鸮科耳鸮属

中文别名: 长耳木兔、有耳麦猫王、彪木兔、夜猫子

特征: 中型鸮类。体长 33 ～ 40 厘米。面盘显著,中部白色且杂有黑褐色;两侧棕黄色而羽干白色,羽枝松散。前额白色与褐色相杂。眼内侧和上、下缘具黑斑。皱翎白色而羽端缀黑褐色。耳羽发达,长约 5 厘米,位于头顶两侧,显著突出于头上。颏白色,下体其余部分棕黄色。胸具宽的黑褐色羽干纹。跗跖和趾被羽,棕黄色。尾下覆羽棕白色,较长的尾下覆羽具褐色羽干纹。虹膜橘红色。嘴和爪铅色,尖端黑色。

自然分布: 亚欧大陆、北美、非洲北部。在青岛有自然分布。

保护级别: 国家二级重点保护野生动物,列入 CITES 附录Ⅱ。

短耳鸮

学名: *Asio flammeus*

分类地位: 鸟纲鸮形目鸱鸮科耳鸮属

中文别名: 夜猫子、猫头鹰、田猫王、短耳猫头鹰、小耳木兔

特征: 中型鸮类。体长35～40厘米。耳短小而不外露,黑褐色,具棕色羽缘。面盘显著,眼周黑色,眼先及内侧眉斑白色,面盘其余部分棕黄色而杂以黑色羽干纹。皱翎白色,羽端微具细的黑褐色斑点。上体包括翅和尾表面大都棕黄色,满缀宽的黑褐色羽干纹。腰和尾上覆羽棕黄色,无羽干纹。尾羽棕黄色,具黑褐色横斑和棕白色端斑。颏白色,下体其余部分棕白色。胸部多呈棕色,满布黑褐色纵纹。下腹中央和尾下覆羽及覆腿羽无斑杂。跗跖和趾被羽,棕黄色。虹膜金黄色。嘴和爪黑色。

自然分布: 亚洲、欧洲、非洲、美洲。在青岛有自然分布。

保护级别: 国家二级重点保护野生动物,列入CITES附录Ⅱ。

领角鸮

学名： *Otus lettia*

分类地位： 鸟纲鸮形目鸱鸮科角鸮属

中文别名： 四猫

特征： 小型鸮类。体长 20 ～ 27 厘米。额和面盘白色或灰白色，缀以黑褐色细点。眼前缘黑褐色。眼端刚毛状羽白色，具黑色羽端。眼上方羽白色。尾灰褐色，横贯以 6 个棕色且杂有黑色斑点的横斑。颏、喉白色；上喉有 1 圈皱翎，微沾棕色。各羽具黑色羽干纹和细的黑色横斑纹。下体白色或灰白色，满布显著的黑褐色羽干纹及淡棕色波状横斑。虹膜黄色。嘴角黄色，沾绿色。爪角黄色，先端色较暗。

自然分布： 亚洲。在青岛有自然分布。

保护级别： 国家二级重点保护野生动物，列入 CITES 附录Ⅱ。

红角鸮

学名: *Otus sunia*

分类地位: 鸟纲鸮形目鸱鸮科角鸮属

中文别名: 普通角鸮、欧亚角鸮、猫头鹰、欧洲角鸮

特征: 小型鸮类。体长约 20 厘米。面盘灰褐色,密布纤细黑纹。领圈淡棕色。耳羽基部棕色。上体灰褐色,缀有棕栗色,有黑褐色虫蠹状细纹。头顶至背和翅覆羽杂以棕白色斑。飞羽大部分黑褐色。尾羽灰褐色。尾下覆羽白色。下体大部分红褐色至灰褐色,有褐色纤细横斑和黑褐色羽干纹。虹膜黄色。嘴暗绿色,先端近黄色。爪灰褐色。

自然分布: 亚欧大陆及非洲。在青岛有自然分布。

保护级别: 国家二级重点保护野生动物,列入 CITES 附录Ⅱ。

鹰 鸮

学名: *Ninox scutulata*

分类地位: 鸟纲鸮形目鸱鸮科鹰鸮属

中文别名: 鹰狗、三猫

特征: 小型鸮类。体长 22 ～ 32 厘米。外形似鹰,没有显著的面盘、翎领和耳羽簇。上体为棕褐色。前额白色。肩部有白斑。喉部和前颈皮黄色,具有褐色条纹。下体其余部分白色,有红褐色水滴状斑。尾羽上有黑色横斑和端斑。虹膜黄色。嘴灰黑色,尖端黑褐色。跗跖被羽。趾裸出,肉红色,具稀疏的淡黄色刚毛。爪黑色。

自然分布: 我国东部和南部,以及俄罗斯、朝鲜、韩国、日本、印度和东南亚各国。在青岛有自然分布。

保护级别: 国家二级重点保护野生动物,列入 CITES 附录Ⅱ。

雕 鸮

学名: *Bubo bubo*

分类地位: 鸟纲鸮形目鸱鸮科雕鸮属

中文别名: 鹫兔、怪鸱、恨狐、大猫、鹫鱼鸮

特征: 大型鸮类。体长 65 ～ 89 厘米。面盘显著,淡棕黄色,杂以褐色细斑。眼先和眼前缘密被白色刚毛状羽,各羽均具黑色端斑。眼的上方有一大黑斑。耳羽特别发达,显著突出于头顶两侧,长达 5. 5 ～ 9. 7 厘米。后颈和上背棕色,肩、下背和翅上覆羽棕色至灰棕色,杂以黑色和黑褐色斑纹,并具粗的黑色羽干纹。腰及尾上覆羽棕色至灰棕色,具黑褐色波状细斑。颏白色。喉除皱翎外亦白色。胸棕色,具粗的黑褐色羽干纹,两翈具黑褐色波状细斑。上腹和两胁的羽干纹变细,下腹中央棕白色。覆腿羽和尾下覆羽微杂褐色细横斑。腋羽白色或棕色,具褐色横斑。虹膜金黄色,嘴和爪铅灰黑色。

自然分布: 亚欧大陆及非洲北部。在青岛有自然分布。

保护级别: 国家二级重点保护野生动物,列入 CITES 附录Ⅱ。

· 鹦形目（Psittaciformes）

鹦形目物种为攀禽。热带、亚热带森林中羽色鲜艳的食果鸟类。对趾型脚，2 趾向前，2 趾向后，适合抓握。嘴强劲有力，可以食用硬壳果。鹦形目鸟类善效人言，是人们喜欢饲养的宠物。其野生种群因此受到威胁，很多成了濒危物种。

白凤头鹦鹉

学名：*Cacatua alba*

分类地位：鸟纲鹦形目凤头鹦鹉科凤头鹦鹉属

中文别名：大白、雨伞巴丹鹦鹉

特征：体长 40 余厘米，大型雄鸟体重可达 0.8 千克。嘴黑色，有钩曲。头冠能够收展，展开时呈伞状。全身羽毛白色，无虹彩。雌鸟的虹膜沾淡红色。脚灰黑色。

自然分布：印度尼西亚。

保护级别：列入 CITES 附录Ⅱ。

葵花凤头鹦鹉

学名: *Cacatua galerita*

分类地位: 鸟纲鹦形目凤头鹦鹉科凤头鹦鹉属

中文别名: 大葵花凤头鹦鹉、大葵花鹦鹉、葵花巴丹

特征: 体长 40 ～ 50 厘米，体重 0. 815 ～ 0. 975 千克。头顶冠羽发达。愤怒时羽冠呈扇状竖立。嘴粗厚而强壮，上嘴向下钩曲，两侧的边缘有缺刻，基部具蜡膜。翅形稍尖。腿短。体羽无虹彩，主要为白色。羽冠颜色随产地不同而不同，黄色居多。翅膀和尾羽内侧淡黄色。雄鸟虹膜黑色，雌鸟虹膜褐色。嘴和脚黑色或灰色。

自然分布: 大洋洲、印度尼西亚。

保护级别: 列入 CITES 附录Ⅱ。

蓝眼凤头鹦鹉

学名: *Cacatua ophthalmica*

分类地位: 鸟纲鹦形目凤头鹦鹉科凤头鹦鹉属

特征: 体长44～50厘米,体重0. 5～0. 57千克。头部有着向后弯曲的黄白色羽冠。耳羽、喉部和颊部附近有淡黄色的羽毛。翅膀和尾羽内侧有黄色羽毛。眼周裸露皮肤蓝色。嘴灰黑色。雄鸟虹膜深棕色,雌鸟虹膜红棕色。脚灰色。

自然分布: 巴布亚新几内亚。

保护级别: 列入 CITES 附录Ⅱ。

蓝黄金刚鹦鹉

学名:*Ara ararauna*

分类地位:鸟纲鹦形目鹦鹉科金刚鹦鹉属

特征:大型攀禽。体长 86 ~ 94 厘米,尾长 40 ~ 50 厘米,体重 0.995 ~ 1.38 千克。面部无羽毛,布满条纹。额部黄绿色。自额后至整个上体翠蓝色。眼先及颊部裸露,呈肉白色。自嘴基部经眼下方至耳部有黑色羽排列而成的 3 条横纹,眼先还有 6 ~ 7 条黑色竖纹。颏部和喉部黑色。从耳的后部至胸部、腹部橘黄色。翅膀和尾羽紫蓝色。初级飞羽的覆羽紫蓝色,内羽黑色,尾下覆羽翠蓝色。虹膜淡黄色。嘴铅黑色,爪铅灰色。

自然分布:美洲热带地区。

保护级别:列入 CITES 附录Ⅱ。

红绿金刚鹦鹉

学名：*Ara chloropterus*

分类地位：鸟纲鹦形目鹦鹉科金刚鹦鹉属

特征：大型攀禽。体长90～95厘米，体重1.05～1.7千克。尾极长。头部、颈部、胸部红色。肩部和三级飞羽绿色。背部、臀部蓝色。尾红色和蓝色相间。尾覆羽淡蓝色。颊部裸露皮肤具蛇状细纹。虹膜淡黄色。脚黑色。

自然分布：美洲热带地区。

保护级别：列入CITES附录Ⅱ。

绯红金刚鹦鹉

学名：*Ara macao*

分类地位：鸟纲鹦形目鹦鹉科金刚鹦鹉属

中文别名：五彩金刚鹦鹉、红黄金刚鹦鹉

特征：大型攀禽。体长 84 ～ 89 厘米，体重 0.9 ～ 1.49 千克。眼部和颊部裸露皮肤有红色细毛。羽色鲜艳，大部分为亮丽的鲜红色。翅上层中间的覆羽黄色，尖端带绿色。最外缘的主要飞羽蓝色。靠近尾及内侧的覆羽淡蓝色。尾上方的红色羽毛外缘尖端带蓝色。尾和翅内侧红色。虹膜黄色。上嘴象牙白色，带黑色；下嘴中间黑色。腿、爪黑色。尾极长。

五彩金刚鹦鹉与红绿金刚鹦鹉外形相似，主要区别在于五彩金刚鹦鹉的翅有鲜艳的黄色羽毛，而红绿金刚鹦鹉翅没有。另外，红绿金刚鹦鹉的面部有红色细毛组成的线条，而五彩金刚鹦鹉面部没有。

自然分布：美洲热带地区。

保护级别：列入 CITES 附录Ⅰ。

金领金刚鹦鹉

学名: *Propyrrhura auricollis*

分类地位: 鸟纲鹦形目鹦鹉科 *Propyrrhura* 属

中文别名: 黄领金刚鹦鹉

特征: 体长 37 ～ 45 厘米，体重 0.24 ～ 0.25 千克。裸露的脸颊白色，眼先稻草黄色。体绿色。前额以及颊部附近黑褐色。头部到颈部两侧带蓝色。颈部后方有 1 条黄色横带。主要飞羽蓝色，次级飞羽有明显的绿色边，翅内侧的羽毛为橄榄黄色。尾上方的羽毛红棕色，尖端带蓝色，内侧橄榄黄色。虹膜橘色。嘴石板黑色，尖端带蜡黄色。腿肉粉红色。

自然分布: 南美洲。

保护级别: 列入 CITES 附录Ⅱ。

绯胸鹦鹉

学名: *Psittacula alexandri*

分类地位: 鸟纲鹦形目鹦鹉科鹦鹉属

中文别名: 鹦哥

特征: 体长22～36厘米,体重0.085～0.168千克。头灰色。眼周沾绿色。前额有一窄的黑带延伸至两眼。上体绿色。颏白色,喉和胸红色。下体其余部分及翼下覆羽绿色。腹部羽端沾紫蓝色。

自然分布: 我国的广西、广东、海南岛、西藏东南部,以及印度、尼泊尔、缅甸、泰国、越南、柬埔寨、老挝,以至印度尼西亚等国。

保护级别: 列入CITES附录Ⅱ。

黄头亚马孙鹦哥

学名: *Amazona oratrix*

分类地位: 鸟纲鹦形目鹦鹉科亚马孙鹦鹉属

中文别名: 黄头亚马孙鹦鹉

特征: 体长平均约40厘米。羽毛大部分绿色。黄色的羽毛分布在头冠、眼喙之间和大腿处。在翅膀的转折处缀有少许红色,羽毛边缘黄绿色。虹膜橘色。嘴灰白色。幼鸟前额黄色。

自然分布: 墨西哥及中美洲北部。

保护级别: 列入CITES附录Ⅰ。

绿颊锥尾鹦鹉

学名: *Pyrrhura molinae*

分类地位: 鸟纲鹦形目鹦鹉科锥尾鹦鹉属

特征: 体长 24 ～ 26 厘米,体重 0.06 ～ 0.08 千克。体羽大部分绿色。头部前方有 1 条细的红棕色带。前额、头顶、头部后方以及耳羽棕色。沿着颈部分布有些许蓝色羽毛。颈侧、喉部、胸部上方的羽毛从褐色渐渐变为棕绿色,每片羽毛均有淡棕灰色到黄色的边。颊侧缀有黄绿色的羽毛。初级飞羽以及二级飞羽蓝色。下腹部有 1 块红棕色区。尾内侧覆羽带有蓝色。眼周裸露皮肤白色。虹膜棕色。嘴深灰色。幼鸟的体色和成鸟大致相同,但是整体羽色较暗,虹膜颜色较深,下腹部的红棕色羽毛零星分布。

自然分布: 阿根廷、巴西、巴拉圭和玻利维亚。

保护级别: 列入 CITES 附录Ⅱ。

白腹鹦哥

学名: *Pionites leucogaster*

分类地位: 鸟纲鹦形目鹦鹉科 *Pionites* 属

中文别名: 白腹凯克、金头凯克

特征: 体长约 23 厘米,体重 0.13 ～ 0.17 千克。顶冠上部橘色。喉部和头部两侧黄色。上体包括翅鲜绿色。胸部和腹部乳白色。侧翼和大腿黄色。臀部和尾下覆羽亮黄色。翅及尾部的顶端黑色。眼周裸露皮肤粉色。虹膜橘红色。嘴浅粉色。腿灰黑色。

自然分布: 南美洲北部。

保护级别: 列入 CITES 附录Ⅱ。

非洲灰鹦鹉

学名: *Psittacus erithacus*

分类地位: 鸟纲鹦形目鹦鹉科灰鹦鹉属

中文别名: 灰鹦鹉、灰鹦

特征: 体长33～41厘米,体重0.48～0.56千克。尾短,头圆,面部具长毛。体羽为深浅不一的灰色。眼周裸露皮肤白色。头部和颈部的灰色羽毛带有淡灰色边。腹部的灰色羽毛则带有深色边。初级飞羽灰黑色。尾羽鲜红色。虹膜黄色。嘴黑色。幼鸟尾羽尖端带有黑色,虹膜淡灰色。

自然分布: 非洲中部。

保护级别: 列入 CITES 附录Ⅰ。

· 犀鸟目（Bucerotiformes）

犀鸟目物种雌、雄体形相似。嘴细长而弯曲。腿、脚较短。翅膀短圆。

双角犀鸟

学名：*Buceros bicornis*

分类地位：鸟纲犀鸟目犀鸟科角犀鸟属

中文别名：大斑犀鸟、印度大犀鸟

特征：大型攀禽。体长119～128厘米，翼展146～160厘米，体重2.15～4千克。雌雄体形相似，但雌鸟的盔突较小。嘴大，长约30厘米。盔突大而宽，上面微凹，前缘形成两个角状突起。眼上生有粗长的睫毛。颊、颏黑色。后头、颈部乳白色。背、肩、腰、胸和尾上覆羽黑色。腹部及尾下覆羽白色。翅黑色，尖端白色，有明显的白色翅斑。尾羽白色，靠近端部有黑色的带状斑。虹膜深红色。嘴基部黑色，上嘴端部及盔突顶部橘红色，嘴侧橘黄色，下嘴象牙白色或乳白色。跗跖灰绿色，沾褐色。爪近黑色。

自然分布：我国云南，以及印度、不丹、尼泊尔和东南亚各国。

保护级别：国家一级重点保护野生动物。

冠斑犀鸟

学名: *Anthracoceros albirostris*

分类地位: 鸟纲犀鸟目犀鸟科斑犀鸟属

中文别名: 冠犀鸟

特征: 大型攀禽。体长 74 ～ 78 厘米。雌鸟比雄鸟稍小。嘴具大的盔突，盔突前面有显著的黑色斑。上体黑色，具绿色金属光泽。下体除腹部为白色外，其余部分为黑色。外侧尾羽具宽的白色端斑。翅缘、飞羽先端和基部白色，飞翔时极明显。眼周裸露皮肤紫蓝色。虹膜红褐色。嘴和盔突蜡黄色或象牙白色。跗跖和趾铅黑色。

自然分布: 我国云南、广西，以及印度和东南亚各国。

保护级别: 国家一级重点保护野生动物。

· 啄木鸟目（Piciformes）

啄木鸟目物种为中型攀禽。嘴粗长，侧扁，呈凿状。舌长，先端具角质小钩，伸缩自如。尾为平尾或楔尾，羽轴坚硬而富有弹性，在攀树时起支架作用。脚短而强壮，呈对趾型，第 2、3 趾向前，第 1、4 趾向后。幼鸟为晚成鸟。

红嘴巨嘴鸟

学名：*Ramphastos tucanus*

分类地位：鸟纲啄木鸟目巨嘴鸟科巨嘴鸟属

中文别名：红嘴鵎鵼

特征：体长 55 ～ 60 厘米。嘴缘锯齿状，基部周围无口须。头、背、肩、腹和尾黑色，喉部和胸部白色。胸部底部有 1 条红色横带。眼周裸露皮肤蓝色。嘴基部有黄色和蓝色组成的圈纹，从尖端到基部有 1 条黄色带横贯上中部。

自然分布：南美洲。

保护级别：列入 CITES 附录Ⅱ。

· 雀形目（Passeriformes）

雀形目物种为中型、小型鸣禽。鸣管结构及鸣肌复杂，大多善于鸣啭，叫声多变、悦耳。趾三前一后，后趾与中趾等长（离趾型足）。腿细弱，跗跖后缘鳞片常愈合为整块鳞板。筑巢大多精巧。幼鸟为晚成鸟。

仙八色鸫

学名： *Pitta nympha*

分类地位： 鸟纲雀形目八色鸫科八色鸫属

中文别名： 八色鸫、八色鸟、蓝翅八色鸫

特征： 体长约 20 厘米。雌雄体形相似，雌鸟羽色较淡。头深栗褐色，中央冠纹黑色。眉纹淡黄色，窄而长，自额基一直延伸到后颈两侧。眉纹下面有 1 条宽的黑色贯眼纹，经眼先、颊、耳羽一直到后颈与中央冠纹相连，形成翎斑状。背、肩和内侧次级飞羽表面亮深绿色。腰、尾上覆羽和翅上小覆羽钴蓝色而具光泽。中覆羽、大覆羽绿色，微沾蓝色。初级覆羽和飞羽黑色。第 1 ～ 2 枚初级飞羽外翈黑色，羽端灰褐色。其余初级飞羽外翈中段白色，形成显著的白色翼斑。次级飞羽外翈绿色，羽端蓝绿色。尾黑色，羽端钴蓝色。喉白色。胸淡茶黄色或皮黄白色。腹中部和尾下覆羽红色。虹膜褐色。嘴黑色。跗跖和趾肉红色或淡黄褐色。

自然分布： 我国，以及日本、朝鲜、韩国、马来西亚、越南等国。在青岛有自然分布。

保护级别： 国家二级重点保护野生动物，列入 CITES 附录Ⅱ。

哺乳纲（Mammalia）

哺乳动物是躯体结构、功能、行为最为复杂的动物类群，通称兽类。多数哺乳动物是全身被毛、运动快速、恒温、胎生、哺乳、体内有膈的脊椎动物。哺乳动物分布于世界各地，营陆上、地下、水栖和空中飞翔等多种生活方式，可分为原兽亚纲、后兽亚纲和真兽亚纲。其进步性特征表现为以下几方面：

1. 具有高度发达的神经系统和感官，能协调复杂的机能活动和适应多变的环境条件。

2. 出现口腔咀嚼和消化，大大提高了对能量的摄取效率。

3. 具有高而恒定的体温，减少了对环境的依赖。

4. 具有在陆上快速运动的能力。

5. 胎生、哺乳，保证了后代有较高的成活率。

· 灵长目（Primates）

灵长目物种主要分布于热带、亚热带和温带地区。除少数种类外，拇指（趾）多能与其他指（趾）对握，适于攀缘及握物。大脑半球高度发达。眼眶周缘具骨，眶间距窄。两眼前视，视觉发达。锁骨发达，手掌（及跖部）裸露，并具有2行皮垫，有利于攀缘。指（趾）端部除少数种类具爪外，多具指（趾）甲。大多为杂食性，选择食物和取食方法各异。多为树栖（群栖）生活类群。

黑猩猩

学名：*Pan troglodytes*

分类地位：哺乳纲灵长目人科黑猩猩属

中文别名：猩猩、类人猿、黑猿

特征: 体长 70 ～ 140 厘米，站立时高 100 ～ 170 米，体重 27 ～ 80 千克。雌兽比雄兽小。无尾。四肢和指(趾)都很粗壮。前肢长于后肢。前肢下垂时可以略微超过膝部。全身被有乌黑色的毛，胸部、腹部毛较为稀疏，颈部以及肩臂部毛略长。随着年龄的增长，身上可能生出灰色和褐色的毛，有些个体的吻部还有白色的胡须。头顶毛发向后。通常臀部有一白斑。面部以黑色居多，也有白色、肉色和灰褐色的。耳朵大，向两旁突出。眼窝深凹，眉脊很高。虹膜黄褐色。嘴巴宽。手、脚粗大，呈青灰色。幼兽的鼻、耳、手和脚均为肉色。

自然分布: 非洲中部和西部。

保护级别: 列入 CITES 附录Ⅰ。

猩 猩

学名:*Pongo pygmaeus*

分类地位:哺乳纲灵长目人科猩猩属

中文别名:红毛猩猩、红猩猩、黄猩猩

特征:是世界上最大的树栖哺乳动物。体长 100 ～ 170 米。无尾。毛长而稀少,粗糙。幼兽毛为亮橘色,某些个体成年后毛变为栗色或深褐色。面部赤裸,呈黑色。幼兽眼周围和口鼻部粉红色。雄性脸颊上有明显的脂肪组织构成的“肉垫”,具有喉囊。牙齿和咀嚼肌相对较大,可以咬开和碾碎贝壳和坚果。

自然分布:加里曼丹岛。

保护级别:列入 CITES 附录Ⅰ。

西白眉长臂猿

学名: *Hoolock hoolock*

分类地位: 哺乳纲灵长目长臂猿科白眉长臂猿属

中文别名: 长臂猿、呼猴、黑猴

特征: 体长 45 ～ 65 厘米，体重 10 ～ 14 千克。无尾。前肢明显长于后肢。头很小，面部短而扁。雌雄异色。

雄兽：黑褐色或褐色，具白色眼眉。头顶的毛较长而披向后方，故头顶扁平，无直立向上的簇状冠毛。

雌兽：大部分灰白色或灰黄色。眼眉更为浅淡。颜面宽阔，被以稀疏的灰白色短毛。

自然分布: 我国云南，以及缅甸、孟加拉国和印度。为东洋界缅甸—中国亚区的特有种。

保护级别: 国家一级重点保护野生动物。列入 CITES 附录 Ⅰ。

北白颊长臂猿

学名: *Nomascus leucogenys*

分类地位: 哺乳纲灵长目长臂猿科冠长臂猿属

中文别名: 长臂猿、料猴、南里

特征: 体长 45 ～ 62 厘米,体重 5 ～ 7 千克。腿短。手掌比脚掌长。手指关节长。身体纤细,肩宽而臀部窄。犬齿较长。毛长而粗糙。

雄兽:毛以黑色为主,混有银色。脸颊两旁从嘴角至耳朵的上方各有 1 块白色或黄色区。顶部的簇状冠毛显得更尖长而明显。

雌兽:毛为橘黄色至乳白色,腹部没有黑色毛。冠斑褐色,呈多角形。

自然分布: 为我国、老挝、越南三国交界地区的特有种。

保护级别: 国家一级重点保护野生动物,列入 CITES 附录Ⅰ。

蜂　猴

学名: *Nycticebus bengalensis*

分类地位: 哺乳纲灵长目懒猴科蜂猴属

中文别名: 懒猴

特征: 体形较小而行动迟缓。体长 28 ～ 38 厘米,尾长 22 ～ 25 厘米,体重 0.68 ～ 1.5 千克。头圆。吻短。眼大而向前,眼间距很窄。耳郭半圆形且朝前。四肢粗短而等长。后足第 2 趾具钩状爪,其他指(趾)的末端有厚的肉垫和扁指(趾)甲。尾短而隐于毛丛中。体背棕灰色或橘黄色,正中有一棕褐色脊纹自顶部延伸至尾基部。腹部灰白色。眼具褐色眼眶环和淡棕色的三角形眼上斑。眶间至前额为逐渐加宽的白色线纹。耳有黑褐色环斑。

自然分布: 我国云南和广西,以及南亚东北部和东南亚。

保护级别: 国家一级重点保护野生动物,列入 CITES 附录Ⅰ。

倭蜂猴

学名: *Nycticebus pygmaeus*

分类地位: 哺乳纲灵长目懒猴科蜂猴属

中文别名: 小蜂猴、小懒猴、风猴、小风猴

特征: 体长 19.5 ～ 25 厘米，体重 0.222 ～ 0.75 千克。体呈圆筒状。四肢粗短，后肢稍微长于前肢。前肢上臂内侧具有毒腺。后足第 2 趾具钩状爪，其余各指（趾）均具扁平指（趾）甲。头圆，眼大而圆，无颊囊。口小，吻短，齿利。尾极短，通常隐于毛丛中。体被细丝绒状毛，主要为棕黄色。背脊中央常有棕褐色条纹。眼圈及周边毛发形成棕褐色环。鼻、耳郭、手和足皮肤黑色。口、鼻、唇白色。腹毛灰白色。

自然分布: 我国云南，以及越南、老挝、柬埔寨东部，是中南半岛的特有物种。

保护级别: 国家一级重点保护野生动物，列入 CITES 附录Ⅰ。

松鼠猴

学名: *Saimiri sciureus*

分类地位: 哺乳纲灵长目悬猴科松鼠猴属

特征: 体长 20 ～ 40 厘米，尾长可达 47 厘米，体重 0.55 ～ 1.1 千克。身体纤细。尾长。毛厚且柔软，大部为呈金黄色。口缘和鼻吻部黑色。眼圈、耳缘、鼻梁、脸颊、喉部和颈两侧均呈白色。头顶灰色到黑色。背部、前肢、手和脚红色或黄色。腹部淡灰色。

自然分布: 南美洲。

保护级别: 列入 CITES 附录Ⅱ。

黑帽悬猴

学名：*Cebus apella*

分类地位：哺乳纲灵长目悬猴科卷尾猴属

中文别名：泣猴

特征：体长 32 ～ 57 厘米，尾长 30 ～ 56 厘米，体重 1.9 ～ 4.8 千克。身体强健。四肢短粗。尾长几乎与体长相等。头部较圆。鼻部扁平，鼻孔向旁侧开张。体毛颜色多样，从褐色、深黄色到黑色的都有。肩和下腹部比其他部位色淡。头顶有一块区域具浓密的黑色毛发。颈部有 2 簇褐色的毛。

自然分布：南美洲北部。

保护级别：列入 CITES 附录Ⅱ。

环尾狐猴

学名: *Lemur catta*

分类地位: 哺乳纲灵长目狐猴科狐猴属

中文别名: 节尾狐猴

特征: 体长 30 ～ 46 厘米，尾长 40 ～ 63 厘米，体重约 2 千克。后肢比前肢长，掌心和脚底具长毛。头小，额低，两侧长毛丛生。耳大，长有很多绒毛。吻部长而突出，下门齿呈梳状，使得整个颜面看上去宛如狐狸。背部淡灰褐色。腹部灰白色。额部、耳背和颊部白色，吻部和眼圈黑色。尾部有 11 ～ 12 个黑白相间的圆环，这是其独一无二的特征。

自然分布: 马达加斯加。

保护级别: 列入 CITES 附录Ⅰ。

德氏长尾猴

学名： *Cercopithecus neglectus*

分类地位： 哺乳纲灵长目猴科长尾猴属

中文别名： 白臀长尾猴、赤额长尾猴、白须长尾猴、博士猴

特征： 毛灰色，有斑点。头顶黑色，前额有1条带白边的橘色带。上嘴唇和下巴被有白色、且沾蓝色的毛。1条窄的白色带穿过大腿。尾巴和四肢颜色较深。雄兽明显比雌兽大很多，阴囊呈亮蓝色。

自然分布： 非洲中部。

小白鼻长尾猴

学名: *Cercopithecus petaurista*

分类地位: 哺乳纲灵长目猴科长尾猴属

特征: 具有性别二态性,雄兽比雌兽大。有颊囊。鼻上具醒目的白斑。体毛总体呈棕黑色,梢部呈白色。有时颈胸部上有一白斑。

自然分布: 科特迪瓦、加纳、几内亚、几内亚比绍、利比里亚、塞内加尔、塞拉利昂、多哥。

保护级别: 列入 CITES 附录Ⅱ、《世界自然保护联盟灵长类红色名录》。

川金丝猴

学名: *Rhinopithecus roxellana*

分类地位: 哺乳纲灵长目猴科仰鼻猴属

中文别名: 仰鼻猴、狮子鼻猴、金绒猴

特征: 成年雄兽体长平均68厘米，尾长平均68.5厘米。尾与体等长或更长。鼻孔大，鼻子上翘。唇厚。无颊囊。毛柔软，金黄色，肩、背毛较长。

自然分布: 我国四川、陕西、湖北及甘肃。

保护级别: 国家一级重点保护野生动物，列入CITES附录Ⅰ。

西非黑白疣猴

学名: *Colobus polykomos*

分类地位: 哺乳纲灵长目猴科疣猴属

中文别名: 髯猴

特征: 体长 45 ～ 72 厘米,体重 5 ～ 14 千克。尾长大于体长。四肢修长。前肢拇指已退化成小疣。身形较一般猴子大和重,臀疣很小。颊囊小。毛色多为黑白相间。胸部和胡须白色。体两侧长着斗篷一样的白色长毛,从肩膀向下延伸到背部。尾部白色。初生的幼兽毛发全白,与以黑毛为主的成兽形成鲜明对比。

自然分布: 冈比亚、塞内加尔、科特迪瓦、几内亚、几内亚比绍、利比里亚、塞拉利昂。

保护级别: 列入 CITES 附录Ⅱ。

北豚尾猴

学名: *Macaca leonina*

分类地位: 哺乳纲灵长目猴科猕猴属

中文别名: 猪尾猴、平顶猴

特征: 体长 47 ～ 77 厘米，体重 4 ～ 15 千克。雌兽比雄兽小，毛色也不如雄兽的光亮。体较粗壮，额头较窄，吻部长而粗。通体毛淡黄褐色，唯背中线色较深而呈一脊纹。头顶毛短，辐射排列成一棕褐色平顶区。脸周毛斜向后方，耳周毛则向前方，彼此相连，似一围带。尾较细长，尾上的毛大部分短而稀，尾端毛蓬松，尾背面黑色，腹面赭黄色。

自然分布: 我国西藏、云南，以及印度东部、越南、老挝、柬埔寨、泰国、缅甸、马来西亚、苏门答腊等地。

保护级别: 国家一级重点保护野生动物，列入 CITES 附录Ⅱ。

猕 猴

学名: *Macaca mulatta*

分类地位: 哺乳纲灵长目猴科猕猴属

中文别名: 猢猴、黄猴、沐猴、恒河猴、老青猴、广西猴

特征: 体长 47 ～ 64 厘米,尾长 19 ～ 30 厘米,体重 5.4 ～ 7.7 千克。雄兽比雌兽大。四肢基本等长。尾较长,约为体长的 1/2。面部瘦削。齿尖、低。头顶没有向四周辐射的旋毛。额略突。眉骨高。眼深陷。具颊囊。肩毛较短。体色个体差异较大。背部棕灰色或棕黄色。腰部以下为橘黄色或橘红色。腹部淡灰黄色,有光泽。头顶棕色。面部、两耳多呈肉色。胼胝发达,多呈肉红色。

自然分布: 我国南部,以及印度、阿富汗、巴基斯坦、尼泊尔和东南亚地区。

保护级别: 国家二级重点保护野生动物,列入 CITES 附录Ⅱ。

藏酋猴

学名: *Macaca thibetana*

分类地位: 哺乳纲灵长目猴科猕猴属

中文别名: 四川短尾猴、大青猴、毛面猴、青猴、马猴

特征: 体形较大。体长为 49 ～ 72 厘米,尾长 4 ～ 14 厘米,体重 9 ～ 19. 5 千克。雄兽明显大于雌兽。雌兽的毛色淡于雄兽。体粗壮。尾短。头大。犬

齿 1 对，较大。颜面随年龄不同而色异：幼年时白色，成年时呈鲜红色，老年时变为紫色或黑色。全身被稀疏的长毛，背部色深，腹部色淡。头顶常有旋毛。

自然分布：是我国的特有物种。主要分布于四川，在甘肃、陕西、云南、贵州、湖北、湖南、广西、安徽、江西、浙江等省也有分布。

保护级别：国家二级重点保护野生动物。

阿拉伯狒狒

学名：*Papio hamadryas*

分类地位：哺乳纲灵长目猴科狒狒属

中文别名：狗头猴、蓑狒

特征：是狒狒中体形最小的一种，具有明显的性别二态性。雄兽体长60～80厘米，体重18～30千克。雌兽比雄兽小得多。脸部红色。头大，眉骨高高突起。眼深陷。吻部很长，棱角分明。鼻梁直抵前额。脸上有很高的隆起线。四肢粗壮，手、脚均为黑色。尾巴细长。臀部胼胝呈鲜红色。雄兽的毛发带银白色，有醒目的鬃毛。雌兽周身长有棕色的毛发，无鬃毛。

自然分布：非洲的索马里、苏丹、埃塞俄比亚，以及亚洲的阿拉伯半岛。

保护级别：列入CITES附录Ⅱ。

绿狒狒

学名：*Papio anubis*

分类地位：哺乳纲灵长目猴科狒狒属

中文别名：东非狒狒、橄榄狒狒、阿努比斯狒狒

特征：具有高度的性别二态性。雄兽体重平均约 25 千克，雌兽体重平均约 15 千克。体粗壮。四肢等长，短而粗。头顶平坦。头骨和鼻翼两侧棱角分明。眉骨突出。眼深陷。脸颊皮肤粗糙，灰色至黑色，无毛。脸上有很高的隆起线。吻部突出。耳小。鼻孔朝前。有颊囊。犬齿长而尖。臀部有色彩鲜艳的胼胝。尾基部有一小段直立，而其他部分自然下垂，呈倒 U 形。该物种初生时毛是黑色的，约 6 个月时替换为橄榄灰色。雄兽臼齿大，脸周围、颈部、肩部有大片鬃毛。

自然分布：非洲。

保护级别：列入 CITES 附录Ⅱ。

赤猴

学名： *Erythrocebus patas*

分类地位： 哺乳纲灵长目猴科赤猴属

中文别名： 非洲金丝猴、狭鼻猿

特征： 体长 50 ～ 87 厘米，尾长 75 厘米，体重 5 ～ 13 千克。具有性别二态性。躯体瘦窄。腿长。肋骨显著。鼻孔狭窄，并拢，朝下。上体橘红色。胸部、腹部、腿、脚白色。脸颊四周和下颏有浓密的白胡须。雌兽比雄兽小，面部中间区域大。

自然分布： 非洲。

保护级别： 列入 CITES 附录Ⅱ。

绿 猴

学名: *Chlorocebus sabaeus*

分类地位: 哺乳纲灵长目猴科绿猴属

中文别名: 绿长尾猴、灰草原猴

特征: 体长 30 ~ 60 厘米,体重 3.4 ~ 8.8 千克。具有性别二态性。四肢等长。吻部突出。鼻孔朝前,并拢。指(趾)具扁平的指(趾)甲。有颊囊。齿尖、低。毛厚,金黄色,带绿色。脸颊无毛,但周围覆盖着柔软的白毛。

自然分布: 非洲。

保护级别: 列入 CITES 附录Ⅱ。

山　魈

学名: *Mandrillus sphinx*

分类地位: 哺乳纲灵长目猴科山魈属

中文别名: 鬼狒狒

特征: 是最大的猴科动物。雄兽明显比雌兽大。体粗壮。前肢较后肢长。尾部较短。头大而长，有鬼魅似的面孔。脸长。鼻梁鲜红色。长鼻两侧有深深的纵纹。背部毛褐色，蓬松而茂密。腹部毛淡黄色，长而密。成年雌兽及未成年山魈面部的色彩比成年雄兽的暗淡。

自然分布: 非洲的喀麦隆、赤道几内亚、加蓬、刚果民主共和国、尼日利亚等国。

保护级别: 列入 CITES 附录Ⅰ。

· 食肉目（Carnivora）

食肉目物种俗称猛兽或食肉兽，大多身体矫健。指（趾）端具锐爪，利于捕捉猎物。掠食性。门牙小。犬齿强大而锐利。上颌最后1枚前臼齿和下颌第1枚臼齿如剪刀状相交，特化为裂齿（食肉齿）。脑及感官发达。毛厚密且多具色泽。

虎

学名：*Panthera tigris*
分类地位：哺乳纲食肉目猫科豹属
特征：大型猫科动物，典型的山地林栖动物。头圆。吻宽。眼大。嘴边具

虎东北亚种

虎东北亚种

白色间有黑色的硬须，须长10厘米左右。颈部粗而短，几乎与肩部同宽。肩部、胸部、腹部和臀部均较窄。四肢强健。犬齿和爪极为锋利。尾粗长。体淡黄色至红色，具深色条纹。

自然分布：亚洲。

保护级别：国家一级重点保护野生动物，列入CITES附录Ⅰ。

虎指名亚种的白化变种——白虎

虎指名亚种的白化变种——白虎

虎指名亚种的变种——雪虎

虎指名亚种的变种——金虎

美洲豹

学名：*Panthera onca*

分类地位：哺乳纲食肉目猫科豹属

中文别名：美洲虎

特征：肩高 68 ～ 75 厘米，体长 112 ～ 185 厘米，尾长 45 ～ 75 厘米，体重 56 ～ 160 千克。头大。脸宽。四肢粗短。眼窝内侧有肿瘤状突起，此为其主要特征。体具较大的黑色环纹，环纹中一般有一个或数个黑色斑点。

自然分布：墨西哥、中美洲、南美洲。主要栖息地在亚马孙盆地。

保护级别：列入 CITES 附录 Ⅰ。

美洲狮

学名：*Puma concolor*

分类地位：哺乳纲食肉目猫科美洲金猫属

中文别名：美洲金猫

特征：雄兽比雌兽大。头圆。眼大。吻宽。耳短。眼内侧和鼻梁两侧有明显的泪槽。雄兽颈部不生鬃毛。爪宽大而强有力。尾较发达。尾端和狮一样有一簇毛，但不如狮的明显。全身为单一的灰色、红棕色或红色。耳后有黑斑，腹部和口鼻部白色。

自然分布：美洲。

保护级别：列入 CITES 附录Ⅰ。

豹

学名：*Panthera pardus*

分类地位：哺乳纲食肉目猫科豹属

中文别名：金钱豹、豹子、文豹、花豹

特征：体形似虎，但较小。体长 90 ～ 196 厘米，尾长 60 ～ 70 厘米。头圆。耳短。四肢略短。体黄色或橘黄色，布满古钱状的黑色环纹。背、头和四肢外侧及尾的背面白色。尾尖黑色。

自然分布：亚洲、非洲。

保护级别：国家一级重点保护野生动物，列入 CITES 附录Ⅰ。

豹的黑化个体

豹的黑化个体

狮

学名：*Panthera leo*

分类地位：哺乳纲食肉目猫科豹属

中文别名：狮子、非洲狮

特征：非洲最大的猫科动物。雄兽体长 184 ～ 208 厘米，尾长 82 ～ 94 厘米，体重 160 ～ 225 千克。雌兽体长 160 ～ 184 厘米，尾长 72 ～ 90 厘米，体重 110 ～ 144 千克。头大而圆。四肢非常强壮。爪锋利，可伸缩，趾行性。尾长，末端有 1 簇深色长毛。躯体毛短。体淡棕黄色、棕红色或深棕色。鼻黑色。雄兽具棕色或黑色长鬃毛。鬃毛一直延伸到肩部和胸部。

自然分布：主要分布于非洲草原或半沙漠地带，南亚和中东地区有零星分布。

保护级别：狮印度种群列入 CITES 附录Ⅰ，其他种群列入 CITES 附录Ⅱ。

毛色变异的白化狮(雄)

毛色变异的白化狮(雌)

薮猫

学名: *Leptailurus serval*

分类地位: 哺乳纲食肉目猫科薮猫属

中文别名: 非洲山猫

特征: 体形像小型猎豹。雄兽通常比雌兽大。躯干和四肢修长。尾短。双耳又高又圆,两耳基部距离很近。体黄色,具黑斑。背部和头部有黑色的纵向斑纹。尾部有数个黑色环纹,尾尖黑色。

自然分布: 非洲。

保护级别: 列入 CITES 附录Ⅱ。

狞猫

学名：*Caracal caracal*

分类地位：哺乳纲食肉目猫科狞猫属

中文别名：非洲山猫

特征：体形修长。肩高38～50厘米，体长60～108厘米，尾长18～34厘米，体重7～19千克。雄兽通常比雌兽大。头小。犬齿长。腿长。体通常呈酒红色、灰色、沙灰色，也有的呈黑色。耳上有1簇黑色长毛。前额到鼻部有2条黑色带。眼周和嘴周有白色区。

自然分布：非洲、西亚、南亚等地。

保护级别：狞猫亚洲种群列入CITES附录Ⅰ，其他种群列入CITES附录Ⅱ。

黑 熊

学名: *Ursus thibetanus*

分类地位: 哺乳纲食肉目熊科熊属

中文别名: 亚洲黑熊、狗熊、黑瞎子

特征: 肩高70～100厘米,体长120～190厘米。雄兽体重60～200千克,雌兽体重40～140千克。体粗壮。头部宽圆。脸长。鼻端裸露。眼小。

耳长10～12厘米。肩部较平，臀部稍宽于肩部。尾长7～11厘米。四肢粗健，前后肢都具五指(趾)，爪不能伸缩。颊后及颈部两侧的毛甚长，形成2个半圆形毛丛。胸部毛最短。毛漆黑，有光泽。面部棕褐色或黑褐色。胸部有一明显的白色V形带。

自然分布：亚洲及欧洲东部。

保护级别：国家二级重点保护野生动物，列入CITES附录Ⅰ。

棕 熊

学名：*Ursus arctos*

分类地位：哺乳纲食肉目熊科熊属

中文别名：灰熊

特征：体长 140 ～ 280 厘米。雄兽体重 90 ～ 800 千克，雌兽体重 80 ～ 250 千克。头大而圆。吻部较宽。耳朵显得较小。肩背隆起。爪粗，不能伸缩。尾巴较短。毛粗密，冬季长可达 12 厘米。毛色根据分布区域的不同而变化，从近黑色、棕黑色到棕色和灰色的都有。

自然分布：亚洲、欧洲、北美洲。

保护级别：国家二级重点保护野生动物。棕熊中国、不丹、蒙古、墨西哥种群列入 CITES 附录 Ⅰ，其他种群列入 CITES 附录 Ⅱ。

北极熊

学名: *Ursus maritimus*

分类地位: 哺乳纲食肉目熊科熊属

中文别名: 白熊

特征: 是世界上最大的陆地食肉动物。成年北极熊直立起来高达 300 多厘米,肩高约 1.6 米。相对棕熊来说,其头较长而脸较小。耳小而圆。颈细长。足宽大。肢掌多毛。皮肤黑色。由于毛发中空透明,故外观通常为白色,但在夏季由于氧化可能会变成淡黄色、褐色或灰色。

自然分布: 北极地区及邻近陆地。

保护级别: 列入 CITES 附录Ⅱ。

马来熊

学名: *Helarctos malayanus*

分类地位: 哺乳纲食肉目熊科马来熊属

特征: 马来熊是熊科动物中体形最小的成员。肩高70厘米,体长100～140厘米,尾长3～7厘米,体重27～75千克。体胖。头部短圆。眼小。鼻、唇裸露。耳小。舌很长。颈宽且短。尾约与耳等长。趾基部连有短蹼。爪钩呈镰刀形。两肩有对称的旋毛,胸斑中央也有旋毛。毛短,呈黑色,有光泽。鼻与唇周棕黄色。眼圈灰褐色。胸斑U形,呈淡棕黄或黄白色。

自然分布: 主要分布在东南亚和南亚,在我国的云南、西藏、广西也有少量分布。

保护级别: 国家一级重点保护野生动物,列入CITES附录Ⅰ。

大熊猫

学名: *Ailuropoda melanoleuca*

分类地位: 哺乳纲食肉目熊科大熊猫属

中文别名: 猫熊、竹熊

特征: 体长 120 ～ 180 厘米，尾长 10 ～ 12 厘米，体重 80 ～ 180 千克。一般雄兽比雌兽大。体形肥硕。头圆。尾短。脚底生毛。毛粗，有光泽。全身黑白分明。双耳、眼周及四肢均呈黑色。前肢的黑色区在肩部中央相连，形成一条黑色环带。腹部灰白色或棕色。

自然分布: 我国四川、陕西和甘肃的山区。

保护级别: 国家一级重点保护野生动物，列入 CITES 附录Ⅰ。

小熊猫

学名: *Ailurus fulgens*

分类地位: 哺乳纲食肉目小熊猫科小熊猫属

中文别名: 金狗

特征: 体形像猫，但较肥壮。体长 40 ～ 64 厘米，尾长超过体长的 1/2 以上，体重一般 5 千克左右。头部短宽。吻部突出。脚底生毛。体棕黄色或黑褐色。尾具棕红色和沙白色相间的环纹。

自然分布: 我国西藏、云南、四川、贵州、青海、陕西、甘肃，以及不丹、印度、缅甸、尼泊尔。

保护级别: 国家二级重点保护野生动物，列入 CITES 附录Ⅰ。

耳廓狐

学名: *Vulpes zerda*

分类地位: 哺乳纲食肉目犬科狐属

中文别名: 大耳小狐、沙漠小狐

特征: 体长 30 ～ 40 厘米，尾长 18 ～ 30 厘米，耳长 9 ～ 15 厘米，体重 0. 8 ～ 1. 5 千克。足底被绒毛。体大部分乳白色至淡黄色。面部色较淡。腹

部白色。尾尖端黑色。虹膜黑色。眼下方的深色条纹向吻突两侧延伸。尾基部有一黑色斑块。

自然分布：非洲北部和西亚沙漠地区。

保护级别：列入 CITES 附录Ⅱ。

细尾獴

学名: *Suricata suricatta*

分类地位: 哺乳纲食肉目獴科獴属

中文别名: 猫鼬、灰沼狸、獴哥、海岛猫鼬

特征: 体长30厘米左右,尾长20厘米左右,体重不超过1千克。雌兽比雄兽略大。体纤细。尾细。指(趾)4个,爪弯曲、坚硬、不能缩回。体灰黄色至黄褐色不等,腹部色淡。背部有深色横纹。鼻子、耳朵和眼睛周围黑色。尾尖端黑色。

自然分布: 非洲南部开阔的平原和岩石地区。

南巴西浣熊

学名: *Nasua nasua*

分类地位: 哺乳纲食肉目浣熊科南美浣熊属

中文别名: 长吻浣熊

特征: 体长 41 ～ 67 厘米,体重 2 ～ 7.2 千克。雄兽比雌兽大。鼻子位于细长的头部末端。耳小而圆。前肢短,后肢长。尾长和体长相当。毛呈灰色至红褐色,腹面色较淡。足黑色。尾具棕色至黑色环纹。棕色吻突具灰斑。耳内圈白边。

自然分布: 南美洲。

保护级别: 其中一个亚种 *Nasua nasua solitaria* 列入 CITES 附录Ⅲ。

· 长鼻目（Proboscidea）

长鼻目物种为现存最大的陆栖动物。具长鼻，为延长的鼻与上唇所构成。体毛退化。前肢具 5 指。脚底有厚的弹性组织垫。上门牙特别发达，露在唇外，即俗称的“象牙”。臼齿咀嚼面具多行横棱，以磨碎坚韧的植物纤维。雌兽无象牙。

亚洲象

学名：*Elephas maximus*
分类地位：哺乳纲长鼻目象科亚洲象属
中文别名：印度象、大象、亚洲大象

特征：肩高 210 ～ 360 厘米，体长 500 ～ 700 厘米，尾长 120 ～ 150 厘米，体重 2 700 ～ 5 000 千克。体灰色或棕色，体表散生有毛发。背部向上弓起。四肢粗壮，几乎垂直于地面，像4根柱子。前肢具5指，后肢具4趾。眼小。耳大，向后可遮盖颈部两侧。长鼻表面光滑，一直下垂到地面。同非洲象相比，其体形较小，耳较小，前额较平。

自然分布：我国云南，以及南亚和东南亚。

保护级别：国家一级重点保护野生动物，列入 CITES 附录Ⅰ。

· 奇蹄目（Perissodactyla）

奇蹄目物种为草原奔跑兽类。四肢的中轴通过中指（趾），第 1 指（趾）和第 5 指（趾）一般消失，通常主要以第 3 指（趾）承重。多数动物指（趾）端为蹄，但有一科动物的指（趾）端为爪。在踝部，距骨近端有一双重隆起的滑车形的面与胫骨相关节，远端与踝部其他骨相连处则为一扁平的面。股骨外侧有一显著的突起。门齿通常齐全，适于切草；犬齿退化或消失；臼齿咀嚼面有复杂的棱脊。胃结构简单，不具备偶蹄目部分物种那样多的胃室，但盲肠大而呈囊状，可协助消化植物纤维。

黑　犀

学名： *Diceros bicornis*

分类地位： 哺乳纲奇蹄目犀科黑犀属

中文别名： 黑犀牛、尖吻犀、钩唇犀

特征： 肩高 140 ～ 180 厘米，体长 300 ～ 375 厘米，尾长约 70 厘米，体重通常 800 ～ 1 400 千克。体肥。皮厚，毛少。眼小。在鼻骨的一个突起上长有 2 只角（成分是角蛋白），纵向排列。前角较长，一般长 42 ～ 128 厘米，最长可达 130 厘米；后角一般长 20 ～ 50 厘米。在某些情况下，黑犀还具有第 3 只角，很小。雌兽的角往往比雄兽的更长、更细。上唇长，并有卷绕伸缩性，在取食时能用来剥枝条上的叶子。无下门齿。脚短。皮肤黑灰色。

自然分布： 非洲东部和南部的小范围地区。

保护级别： 列入 CITES 附录Ⅰ。

黑 犀

普通斑马

学名: *Equus burchelli*

分类地位: 哺乳纲奇蹄目马科马属

特征: 草原奔跑兽类。仅第 3 指(趾)发达承重,其余各指(趾)均退化。颈背中线具 1 列鬃毛。腿细而长。尾毛极长。全身具醒目的黑色或深棕色的斑纹。

自然分布: 非洲。

斑 马

·偶蹄目（Artiodactyla）

偶蹄目物种多为中型、大型的草食性陆生有蹄类哺乳动物。第 3 和第 4 指（趾）同等发育，以此负重，其余各指（趾）退化。指（趾）端有鞘状蹄。上门牙常退化或消失，臼齿结构复杂，适于草食。尾短。

长颈鹿

学名：*Giraffa camelopardalis*

分类地位：哺乳纲偶蹄目长颈鹿科长颈鹿属

特征：反刍偶蹄动物，是世界上现存最高的陆生动物。站立时由头至脚可达 410 ～ 800 厘米，体重 700 ～ 2 000 千克。雄兽比雌兽大。头顶生有 1 对外包皮肤和绒毛的短角，终生不会脱掉。耳后和眼后还有 2 对角，但是不很明显。眼大而突出。舌头长达 40 余厘米。嘴唇薄而灵活。颈很长，颈背有鬃毛。躯干较短，从肩到臀向下倾斜。四肢很长。尾长，末端有 1 束长毛。全身被稀疏的短毛。体浅黄色，密布形状、大小不同的橘色、棕色或近黑色的斑。角淡棕色。舌青黑色。

自然分布：非洲的埃塞俄比亚、苏丹、肯尼亚、坦桑尼亚和赞比亚等国。

保护级别：列入 CITES 附录Ⅱ。

梅花鹿

学名: *Cervus nippon*

分类地位: 哺乳纲偶蹄目鹿科鹿属

中文别名: 花鹿

特征：中型鹿类。肩高 50 ～ 110 厘米，体长 95 ～ 180 厘米，体重 130 ～ 160 千克。不同亚种大小差异较大。雌兽比雄兽小。雄兽有角，一般 4 叉（偶有 5 叉）。尾短。夏毛红褐色，脊纹深棕色，遍布鲜明的白色梅花状斑点，臀斑白色。尾背面黑色，腹面白色。

自然分布：我国，以及俄罗斯、朝鲜、日本。

保护级别：国家一级重点保护野生动物。

马 鹿

学名: *Cervus elaphus*

分类地位: 哺乳纲偶蹄目鹿科鹿属

中文别名: 欧洲马鹿、红鹿、赤鹿、八叉鹿

特征: 大型鹿类。体长 160 ～ 260 厘米，体重 75 ～ 500 千克。不同亚种大小差异较大。雄性有角，一般 4 ～ 6 叉，最多 8 叉，第 2 叉紧靠眉叉。耳大。颈较长，下部被较长的毛。四肢长。蹄大，呈卵圆形。尾短。冬毛厚密，多绒毛，灰色或棕色。夏毛短而稀疏，红褐色。臀斑淡赭黄色。

自然分布: 亚洲、欧洲、北美洲和北非。

保护级别: 国家二级重点保护野生动物。马鹿克什米尔亚种 *Cervus elaphus hanglu* 列入 CITES 附录Ⅰ，马鹿大夏亚种 *Cervus elaphus bactrianus* 列入 CITES 附录Ⅱ。

黇鹿白化变种

黇 鹿

学名: *Dama dama*

分类地位: 哺乳纲偶蹄目鹿科黇鹿属

中文别名: 白黇鹿

特征: 中型鹿类。体长130～160厘米，体重30～100千克。雄兽比雌兽大。只有雄兽有角，角一般长60厘米。夏季体栗色，具白色斑点。冬季体色深，无明显的白斑。

自然分布: 欧洲、中东地区。

保护级别: 黇鹿波斯亚种列入CITES附录Ⅰ。

麋鹿

学名: *Elaphurus davidianus*

分类地位: 哺乳纲偶蹄目鹿科麋鹿属

中文别名: 四不像

特征: 大型食草动物。体长170～220厘米，尾长50～75厘米，体重120～250千克。雄兽比雌兽大。只有雄兽具角。角较长，形状特殊，没有眉叉，主干在基部上方分为前后两枝。前枝向上延伸，再分为前后两小枝，每小枝上再长出一些小叉。后枝平直向后伸展，末端有时也长出一些小叉。角最长可达80厘米。尾长且尖端有黑毛。头脸像马、角像鹿、蹄像牛、尾像驴，因此得名“四不像”。

自然分布: 我国江苏、北京、湖北三大保护区内。

保护级别: 国家一级重点保护野生动物。

贡山羚牛

学名: *Budorcas taxicolor*

分类地位: 哺乳纲偶蹄目牛科羚牛属

中文别名: 扭角羚、牛羚、金毛扭角羚

特征: 体形壮硕。肩高97～210厘米，体长160～220厘米，体重220～400千克。雌、雄兽均有角。角粗而弯向两侧，一般长约30厘米。肩高于臀。吻鼻部高而弯起。尾较短。颌下和颈下具胡须状的长垂毛。全身毛淡金黄色或棕褐色。

自然分布: 我国西南、西北地区，以及尼泊尔、不丹、印度、缅甸。

保护级别: 国家一级重点保护野生动物，列入CITES附录Ⅱ。

野牦牛

学名: *Bos gaurus*

分类地位: 哺乳纲偶蹄目牛科牛属

特征: 典型的高寒食草动物。体形笨重、庞大。肩高 140 ～ 220 厘米，体长 200 ～ 330 厘米，尾长 70 ～ 105 厘米，体重 440 ～ 500 千克。雄兽明显比雌兽大。头形稍狭长。脸面平直。鼻唇面小。耳相对小。舌头上长有 1 层肉齿。颈下无垂肉。肩部中央有显著凸起的隆肉。四肢粗壮。蹄大而宽圆，蹄甲小而尖，掌上有柔软的角质。雌、雄兽均有角，角形相似，但雄兽的角明显比雌兽的大而粗壮。身被长毛，胸部和腹部的毛几乎垂到地上。

自然分布: 我国新疆南部、青海、西藏、甘肃西北部和四川西部等地，以及印度、尼泊尔、不丹等国。

保护级别: 国家一级重点保护野生动物。

双峰驼

学名: *Camelus bactrianus*

分类地位: 哺乳纲偶蹄目骆驼科骆驼属

中文别名: 野驼、野骆驼

特征: 肩高 180 ～ 230 厘米，体长 225 ～ 350 厘米，体重 300 ～ 1 000 千克。头小。上唇延伸并有唇裂。眼突出，眼睑双重，睫毛长、密、下垂，瞬膜和泪腺发达。鼻孔大而斜开，启闭自如，周围短毛很多。颈长而弯曲。背有双峰。腿细长，善长途奔走。毛为单一的淡灰黄褐色。

自然分布: 我国新疆、青海、甘肃、内蒙古，以及蒙古和中亚地区。

大羚羊

学名: *Taurotragus oryx*

分类地位: 哺乳纲偶蹄目牛科大羚羊属

中文别名: 巨羚、伊兰羚羊、大角斑羚

特征: 非洲体形最大的羚羊。肩高 125 ～ 183 厘米,体长 200 ～ 345 厘米,尾长 50 ～ 90 厘米,体重 300 ～ 1 000 千克。雄兽比雌兽大。喉部和胸部有 1 块下垂的喉袋。体黄褐色,略带蓝灰色。有的两侧有白色斑纹。雄兽前额的毛很密,喉袋很大,体色更深。雌、雄兽均有螺旋形的角,角长 43 ～ 69 厘米。

自然分布: 非洲东部、南部。

角　马

学名: *Connochaetes taurinus*

分类地位: 哺乳纲偶蹄目牛科角马属

中文别名: 黑尾、牛羚

特征: 体长 170 ～ 240 厘米。雄兽体重可达 290 千克。雌、雄兽均有

角。角粗而弯向两侧。头大而且肩宽，像水牛。脸部窄，像马。颈部有鬃毛。全身蓝灰色到褐色，有斑纹。脸黑色。尾、鬃毛和斑纹颜色因亚种、性别和季节的不同而有所变化。

自然分布：撒哈拉沙漠以南的非洲东部、东南部。

河　马

学名: *Hippopotamus amphibius*

分类地位: 哺乳纲偶蹄目河马科河马属

特征: 最大的杂食性淡水哺乳类动物。体庞大而笨拙。肩高 130 ~ 165 厘米，体长 250 ~ 450 厘米，尾长 35 ~ 60 厘米，体重 1 000 ~ 3 000 千克。四肢特别短。头粗硕。嘴特别大。眼睛、鼻孔、耳壳等都在脸部的上端，几乎在同一个平面上。皮肤很厚，光滑，仅在嘴端、耳内侧和尾上有一些毛。前、后肢上各有大小几乎相等的 4 指(趾)。

自然分布: 非洲。